Linux 服务器管理项目教程
（第 2 版）

主　编　田　钧
副主编　赵雪章　黄利荣
校　订　黄　润

北京理工大学出版社
BEIJING INSTITUTE OF TECHNOLOGY PRESS

版权专有　侵权必究

图书在版编目（CIP）数据

Linux服务器管理项目教程 / 田钧主编. —2版. —北京：北京理工大学出版社，2019.10（2022.1重印）

ISBN 978-7-5682-7792-1

Ⅰ.①L… Ⅱ.①田… Ⅲ.①Linux操作系统-高等学校-教材 Ⅳ.①TP316.85

中国版本图书馆CIP数据核字（2019）第253451号

出版发行 / 北京理工大学出版社有限责任公司	
社　　址 / 北京市海淀区中关村南大街5号	
邮　　编 / 100081	
电　　话 /（010）68914775（总编室）	
（010）82562903（教材售后服务热线）	
（010）68944723（其他图书服务热线）	
网　　址 / http://www.bitpress.com.cn	
经　　销 / 全国各地新华书店	
印　　刷 / 定州市新华印刷有限公司	
开　　本 / 787毫米×1092毫米　1/16	责任编辑 / 张荣君
印　　张 / 13.5	文案编辑 / 张荣君
字　　数 / 320千字	责任校对 / 周瑞红
版　　次 / 2019年10月第2版　2022年1月第2次印刷	责任印制 / 边心超
定　　价 / 31.00元	

图书出现印装质量问题，请拨打售后服务热线，本社负责调换

目前，应用于服务器的 Linux 操作系统非常流行，在服务器市场上的占有率也越来越高。而 Linux 操作系统中的 Red Hat Linux 操作系统，在 Linux 服务器市场中占有率超过了 70%。本书将以 Red Hat Enterprise Server 5 操作系统为例，介绍 Linux 操作系统的功能、服务器的搭建和管理方法。

本书在培养学生的技能操作和技术应用能力上下功夫，特色鲜明。本书以学生能够完成中小企业建网、管网的任务为出发点，以工作过程为导向，以工作实践为基础。本书在任务驱动方式下，采用由浅入深、层次递进的方式，以学生为学习主体，照顾全体，兼顾不同层次学生的需求。针对中小型网络服务的需求，采用任务驱动方式，突出实用性、针对性和技术性，提供大量任务案例、操作示例和技能训练，全面提升学生的专业技能。

本书涉及的内容比较广泛，全书共分为 15 个项目，每个项目里除了详细描述 Linux 各种服务的配置、应用操作原理和实例外，还配有小结和习题。其中服务主要包括 DHCP 服务、DNS 服务、NFS 服务、Samba 服务、Web 服务、电子邮件服务、FTP 服务、MySQL 服务和防火墙等，且尽量从 Linux 命令级入手，逐步过渡到原理级；从简单的小实验入手，以便学生把所学原理与平时遇到的问题联系起来。在本书编写过程中，编者得到了很多学生的支持，希望大家在学习的过程中，能够提出宝贵的意见，在此表示感谢。

由于时间仓促，书中难免存在不妥之处，请读者原谅，并提出宝贵意见。

编　者

目 录

项目一 Linux 的安装与启动 ·· 1

1.1 Linux 简介 ··· 1
    1.1.1 Linux 是什么 ·· 1
    1.1.2 Linux 的优点 ·· 2
    1.1.3 Linux 内核 ·· 2
    1.1.4 Linux 常见发行版本 ·· 3
1.2 Linux 的安装与启动 ·· 3
    1.2.1 安装前准备 ·· 3
    1.2.2 安装步骤 ·· 5
    1.2.3 Linux 首次启动 ·· 14
    1.2.4 Linux 的运行级别 ·· 20
1.3 Linux 的终端和图形化桌面使用 ································ 21
    1.3.1 GNOME ·· 22
    1.3.2 KDE ·· 23
1.4 小结 ··· 24
1.5 习题 ··· 24

项目二 Linux 的设备管理与文件系统 ······································ 25

2.1 设备的概念及目录与文件系统简介 ······························ 25
    2.1.1 Linux 系统支持的设备 ···································· 25
    2.1.2 目录与文件系统简介 ······································ 26
2.2 Linux 设备管理 ··· 28
    2.2.1 硬件设备浏览 ··· 29
    2.2.2 常见硬件设备设置 ·· 29
2.3 Linux 文件系统管理 ··· 34
    2.3.1 文件系统创建 ··· 34
    2.3.2 文件系统的手工挂载 ······································ 37
    2.3.3 文件系统的自动挂载 ······································ 38
2.4 Linux 磁盘配额 ··· 39
    2.4.1 磁盘配额简介 ··· 39
    2.4.2 配置磁盘配额的步骤 ······································ 40

2.4.3 磁盘配额示例	40
2.5 小结	42
2.6 习题	42

项目三　Linux 系统配置与维护　43

3.1 Linux 系统配置管理简介	43
3.2 X Window 配置	43
3.2.1 X Window 简介	43
3.2.2 X Window 的配置文件	44
3.2.3 X Window 的图形配置	45
3.3 软件包管理	45
3.3.1 图形下的软件包管理	46
3.3.2 命令方式	47
3.4 小结	49
3.5 习题	49

项目四　Shell 编程　50

4.1 Shell 概述	50
4.2 如何编写一个 Shell 脚本	50
4.3 Shell 的功能及特点	51
4.3.1 自动补全功能	51
4.3.2 重定向	52
4.3.3 管道	53
4.3.4 快捷键	53
4.4 Shell 的变量	54
4.4.1 系统环境变量	54
4.4.2 预定义变量	54
4.4.3 自定义变量	55
4.5 Shell 的引号类型	55
4.6 综合实例	56
4.6.1 实例1：进程管理	56
4.6.2 实例2：vim 编辑器	57
4.7 小结	58
4.8 习题	59

项目五　用户、工作组及权限管理　60

5.1 用户管理	60
5.1.1 通过图形界面管理用户	60
5.1.2 通过命令方式管理用户	61

5.2	工作组管理	63
	5.2.1 通过图形界面管理工作组	63
	5.2.2 使用命令管理工作组	64
5.3	用户和工作组管理综合实例	64
	5.3.1 实例1：用户和工作组管理	64
	5.3.2 实例2：批处理创建和删除用户	65
5.4	权限控制	67
	5.4.1 实例3：权限位控制	68
	5.4.2 实例4：属有者和工作组控制	69
5.5	高级权限管理	70
	5.5.1 实例5：SUID权限控制	70
	5.5.2 实例6：SGID权限控制	70
	5.5.3 实验7：T位权限控制	71
5.6	小结	72
5.7	习题	72

项目六　Linux网络配置与应用　　73

6.1	Linux网络基础概述	73
6.2	Linux系统的IP配置	73
	6.2.1 窗口环境下配置IP	73
	6.2.2 字符界面下配置IP	74
6.3	常用的Linux网络命令	75
	6.3.1 网络参数设定命令	75
	6.3.2 网络查错与状态查询命令	78
	6.3.3 远程联机命令	80
	6.3.4 网络下载命令	84
	6.3.5 网络复制命令	85
	6.3.6 网络用户查询命令	86
6.4	Linux的网络配置文件	87
	6.4.1 网络配置文件	88
	6.4.2 网卡配置文件	88
	6.4.3 主机地址配置文件	88
	6.4.4 允许与拒绝地址配置文件	89
	6.4.5 主机查找配置文件	90
	6.4.6 名称服务器查找顺序配置文件	91
	6.4.7 网络服务信息文件	91
6.5	Linux网络传输文件	92
6.6	小结	95
6.7	习题	95

项目七 建立 SSH 服务 ·· 96

7.1 SSH 协议简介 ·· 96
7.2 SSH 常用操作 ·· 98
7.3 SSH 配置文件及参数 ·· 99
7.4 SSH 项目配置 ··· 100
7.5 SSH 服务配置常见故障与分析 ·· 104
7.6 小结 ··· 105
7.7 习题 ··· 105

项目八 建立 DHCP 服务器 ·· 106

8.1 DHCP 简介 ··· 106
8.2 DHCP 服务器常规操作 ··· 107
8.3 DHCP 服务器配置文件 ··· 107
8.4 DHCP 客户端的配置 ·· 109
8.5 DHCP 配置项目 ·· 110
8.6 DHCP 配置常见故障与分析 ·· 112
8.7 小结 ··· 113
8.8 习题 ··· 113

项目九 建立 DNS 服务器 ··· 114

9.1 DNS 介绍 ··· 114
9.2 Linux 下 DNS 服务常规操作 ··· 117
9.3 DNS 配置文件 ·· 118
9.4 DNS 服务的配置实例 ·· 122
9.5 DNS 服务配置常见故障与分析 ··· 129
9.6 小结 ··· 129
9.7 习题 ··· 130

项目十 建立 NFS 与 AUTOFS 服务器 ··· 131

10.1 NFS 的简介 ·· 131
10.2 NFS 服务的操作 ·· 131
10.3 NFS 服务器的配置文件 ·· 132
10.4 AUTOFS 的简介 ·· 134
10.5 NFS 与 AUTOFS 服务器配置实例 ······································· 136
10.6 NFS 与 AUTOFS 服务器配置常见故障与分析 ························· 139
10.7 小结 ·· 139
10.8 习题 ·· 139

项目十一 建立 SMB 服务器 ……………………………………………………… 140

- 11.1 Samba 服务简介 …………………………………………………………… 140
- 11.2 Samba 服务的常规操作 …………………………………………………… 141
- 11.3 Samba 服务的配置文件 …………………………………………………… 143
- 11.4 配置 Samba 文件共享 ……………………………………………………… 146
- 11.5 配置 Samba 打印共享 ……………………………………………………… 148
- 11.6 Samba 服务配置实例 ……………………………………………………… 150
- 11.7 Samba 服务配置常见故障与分析 ………………………………………… 156
- 11.8 小结 ………………………………………………………………………… 157
- 11.9 习题 ………………………………………………………………………… 157

项目十二 建立 FTP 服务器 ……………………………………………………… 158

- 12.1 FTP 服务简介 ……………………………………………………………… 158
- 12.2 FTP 服务常规操作 ………………………………………………………… 160
- 12.3 FTP 服务配置文件 ………………………………………………………… 161
- 12.4 FTP 项目配置实例 ………………………………………………………… 164
- 12.5 FTP 服务配置中常见故障与分析 ………………………………………… 169
- 12.6 小结 ………………………………………………………………………… 170
- 12.7 习题 ………………………………………………………………………… 170

项目十三 建立 Apache 服务器 ………………………………………………… 171

- 13.1 Web 服务器的简介 ………………………………………………………… 171
- 13.2 Apache 服务器的简介 ……………………………………………………… 172
- 13.3 Apache 服务器的常规操作 ………………………………………………… 174
- 13.4 Apache 服务器的主配置文件 ……………………………………………… 176
- 13.5 Apache 配置项目案例 ……………………………………………………… 177
- 13.6 Apache 服务配置常见故障与分析 ………………………………………… 185
- 13.7 小结 ………………………………………………………………………… 185
- 13.8 习题 ………………………………………………………………………… 185

项目十四 Iptables 防火墙配置 …………………………………………………… 186

- 14.1 防火墙的基本原理 ………………………………………………………… 186
- 14.2 Iptables 简介 ……………………………………………………………… 187
- 14.3 Iptables 的安装和启动 …………………………………………………… 188
  - 14.3.1 安装前的准备工作 ……………………………………………… 189
  - 14.3.2 安装用户空间工具 ……………………………………………… 189
- 14.4 Iptables 的配置文件 ……………………………………………………… 190
- 14.5 Iptables 三种表的介绍 …………………………………………………… 190

14.6 Iptables 的语法条件说明 ┈┈┈┈┈┈┈┈┈┈┈┈┈┈┈┈┈ 193
14.7 Iptables 的实例 ┈┈┈┈┈┈┈┈┈┈┈┈┈┈┈┈┈┈┈┈┈ 195
14.8 小结 ┈┈┈┈┈┈┈┈┈┈┈┈┈┈┈┈┈┈┈┈┈┈┈┈┈┈ 196
14.9 习题 ┈┈┈┈┈┈┈┈┈┈┈┈┈┈┈┈┈┈┈┈┈┈┈┈┈┈ 196

项目十五 MySQL 服务配置 ┈┈┈┈┈┈┈┈┈┈┈┈┈┈┈┈┈┈ 197

15.1 MySQL 服务的概述 ┈┈┈┈┈┈┈┈┈┈┈┈┈┈┈┈┈┈┈ 197
　　15.1.1 MySQL 的特性 ┈┈┈┈┈┈┈┈┈┈┈┈┈┈┈┈┈ 197
　　15.1.2 MySQL 的应用 ┈┈┈┈┈┈┈┈┈┈┈┈┈┈┈┈┈ 198
　　15.1.3 MySQL 的管理 ┈┈┈┈┈┈┈┈┈┈┈┈┈┈┈┈┈ 198
　　15.1.4 MySQL 的存储引擎 ┈┈┈┈┈┈┈┈┈┈┈┈┈┈┈ 198
15.2 MySQL 的安装 ┈┈┈┈┈┈┈┈┈┈┈┈┈┈┈┈┈┈┈┈ 198
　　15.2.1 下载 MySQL 的安装文件 ┈┈┈┈┈┈┈┈┈┈┈┈ 199
　　15.2.2 MySQL 的安装 ┈┈┈┈┈┈┈┈┈┈┈┈┈┈┈┈┈ 199
15.3 MySQL 的启动与停止 ┈┈┈┈┈┈┈┈┈┈┈┈┈┈┈┈┈ 199
15.4 MySQL 的登录 ┈┈┈┈┈┈┈┈┈┈┈┈┈┈┈┈┈┈┈┈ 200
15.5 MySQL 的配置 ┈┈┈┈┈┈┈┈┈┈┈┈┈┈┈┈┈┈┈┈ 200
　　15.5.1 MySQL 的几个重要目录 ┈┈┈┈┈┈┈┈┈┈┈┈ 200
　　15.5.2 修改登录密码 ┈┈┈┈┈┈┈┈┈┈┈┈┈┈┈┈┈ 201
　　15.5.3 更改 MySQL 目录 ┈┈┈┈┈┈┈┈┈┈┈┈┈┈┈ 201
15.6 MySQL 的使用 ┈┈┈┈┈┈┈┈┈┈┈┈┈┈┈┈┈┈┈┈ 202
15.7 小结 ┈┈┈┈┈┈┈┈┈┈┈┈┈┈┈┈┈┈┈┈┈┈┈┈┈┈ 204
15.8 习题 ┈┈┈┈┈┈┈┈┈┈┈┈┈┈┈┈┈┈┈┈┈┈┈┈┈┈ 204

附录 Linux 常规指令 ┈┈┈┈┈┈┈┈┈┈┈┈┈┈┈┈┈┈┈┈ 205

项目一 Linux 的安装与启动

|学习目标|
(1) 了解 Linux 的发展史;
(2) 掌握安装 Linux 的方法;
(3) 掌握启动 Linux 的方法;
(4) 了解 Linux 的图形界面及其简单操作。

1.1 Linux 简介

1.1.1 Linux 是什么

Linux 是一个基于 POSIX 标准的类 UNIX 的操作系统,它是由芬兰赫尔辛基大学的学生 Linus Torvalds 于 1991 年创建并无私地在因特网上发布,任何人只要遵守 GPL 版权,都可以免费使用和修改 Linux。经过因特网上千千万万的志愿者对其的不断修改,今天,Linux 已经变得无比强大。特别是 IBM、Intel、Oracle、Sysbase、Borland、HP、SUN 和 Corel 等商业软件厂商纷纷对 Linux 进行商业开发和技术支持,这使得 Linux 的商业价值越来越高。同时,Linux 在嵌入式操作系统领域发展得也非常迅速。

POSIX 表示可移植操作系统接口(Portable Operating System Interface,缩写为 POSIX 是为了读音更像 UNIX)。电气和电子工程师协会(Institute of Electrical and Electronics Engineers, IEEE)最初开发 POSIX 标准是为了提高 UNIX 环境下应用程序的可移植性。然而,POSIX 并不局限于 UNIX。许多其他的操作系统,例如 DEC OpenVMS 和 Microsoft Windows NT 都支持 POSIX 标准。POSIX.1 已经被国际标准化组织(International Standards Organization, ISO)所接受,被命名为 ISO/IEC 9945-1:1990 标准。

Linux 的标志和吉祥物是一只名字叫做 Tux 的企鹅(如图 1-1)。选择这个标志的原因是因为 Linus 在澳大利亚时曾被动物园里的一只企鹅咬了一口,而更容易被接受的说法是:企鹅代表南极,而

▲图 1-1 Linux 的标志和吉祥物 Tux

南极又是全世界所共有的一块陆地，这也就代表 Linux 是所有人的 Linux。

1.1.2 Linux 的优点

Linux 作为一个操作系统，具有如下优点：

（1）它具有 UNIX 的全部特点，丰富的软件资源及 C 语言的平台可移植性。而且，由于 Linux 的流行，使其他的 UNIX 平台的应用程序都移植到 Linux 上。

（2）Linux 内置网络支持，应用标准的 TCP/IP 协议，通过一个 Ethernet 网卡或 Modem 把自己和其他系统相连，这样就可以访问 Internet 了。其网络性能极其优秀，目前运行着 Apache 的 Linux 系统越来越多。

（3）它具有完美的多任务性，能同时运行多个任务并访问多个设备。

（4）Linux 拥有性能优越的内存机制：在只有 32MB 的 P133 上，带动几十台工作站上网，用户几乎感觉不到硬盘的交换活动。对工作站用户而言，这和专用服务器没什么两样，甚至比专用服务器还要快。

（5）同 IEEE POSIX 标准兼容。

（6）GNU 软件支持。

（7）软件版本更新速度非常快。

（8）除了拥有良好的性能之外，Linux 最大优点就是其源代码公开以及免费特性，任何人均可获得它并可任意修改它。

Linux 发展的重要里程碑：

1990 年，Linus Torvalds 首次接触 MINIX。

1991 年，Linus Torvalds 开始在 MINIX 上编写各种驱动程序等操作系统内核组件。

1991 年，Linus Torvalds 公开了 Linux 内核。

1993 年，Linux1.0 版发布，Linux 转向 GPL 版权协议。

1994 年，Linux 的第一个商业发行版 Slackware 问世。

1996 年，美国国家标准技术局的计算机系统实验室确认 Linux1.2.13 版本（由 Open Linux 公司打包）符合 POSIX 标准。

1999 年，第一届 LinuxWorld 大会的召开，象征着 Linux 时代的来临，Linux 真正成为服务器操作系统的一员。

2001 年，Linux2.4 版本内核发布；Linux 出色的驱动程序支持就是从 2.4 版本开始的。该版本系统提供了许多重要的接口，比如 USB 启动、蓝牙终端设备、内嵌 RAID 和 ext3 格式的文件系统等。

2003 年，Linux2.6 版本内核发布。相对于 2.4 版本，2.6 版本的内核对系统的支持有很大的变化，这些变化包括：

（1）更好地支持大型多处理器服务器，特别是采用 NUMA 设计的服务器；

（2）更好地支持嵌入式设备，如手机、路由器或者视频录像机等；

（3）对鼠标和键盘指令等用户行为的响应更加迅速；

（4）块设备驱动程序做了彻底更新，如与硬盘和 CD 光驱通信的软件模块。

1.1.3 Linux 内核

内核是操作系统的核心，是运行程序和管理硬件设备的核心程序，它提供了一个在设备与应用程序间关联的抽象层。

内核的开发和规范一直是由 Linus 领导的开发小组控制着，版本也是唯一的。开发小组每隔一段时间就会公布新的版本或其修订版。从 1991 年 10 月 Linus 向世界公开发布的内核 0.0.2 版本（0.0.1 版本功能相当简陋所以没有公开发布）到本教材编写时最新的内核 2.6.33 版本，Linux 的功能越来越强大。

Linux 内核的版本号命名有一定的规则，版本号的格式通常为"主版本号.次版本号.修正号"。主版本号和次版本号标志着重要的功能变动，修正号表示较小的功能变更。以 2.6.33 版本为例，2 代表主版本号，6 代表次版本号，33 代表修正号。其中次版本号还有特定的意义：如果次版本号是偶数数字，就表示该内核是一个稳定版；如果是奇数数字，则表示该内核加入了某些测试的新功能，是一个内部可能存在着 BUG 的测试版。如 2.5.75 表示该版本的内核是一个测试版的内核，2.6.33 表示该版本的内核是一个稳定版的内核。读者可以到 Linux 内核官方网站 http://www.kernel.org 查阅更多的信息并下载最新的内核代码。

1.1.4 Linux 常见发行版本

1）RedHat/Fedora

Red Hat 公司在推出 RH9.0 以后不再推出 RH10.0，而是将原有的 Red Hat Linux 开发计划与 Fedora Linux 计划整合成新的 Fedora Project。Fedora Project 由 Red Hat 公司赞助，以社群主导和支持的方式开发 Linux 发行版本 Fedora Core。

2）Debian

Debian 创建于 1993 年，经过了二十余年的发展，Debian 成了最大的 Linux 发行版本，是一个完全非商业的发行版本，超过 1 000 名的核心开发成员在业余时间为 Debian 进行开发。

3）Slackware

Slackware 始终坚持 KISS（Keep It Simple Stupid）的原则，所以对于有经验的用户来说，可以通过 tgz 进行定制。

4）Ubuntu

Ubuntu 基于 Debian/Linux，使用 APT 包管理系统。APT 完美地解决了软件包之间的依赖问题，使得用户升级系统组件变得非常容易。Ubuntu 的中文支持率很高。

1.2 Linux 的安装与启动

1.2.1 安装前准备

1. 了解计算机基本的硬件配置

必须对计算机上所装硬件配置有一个基本了解，包括：

1）有关硬件方面的信息

硬盘：特别关注数量、容量和类型。如果计算机的硬盘不止一个，用户应该知道哪个是第一个，哪个是第二个，等等。还要知道计算机的硬盘是 IDE 接口的，还是 SCSI 接口的。

内存：用户计算机所装内存条的数量。

CD-ROM：最重要的是接口类型（是 IDE 还是 SCSI，或是其他），对于非 IDE、非 SCSI 的 CD-ROM 要知道其型号。IDE 的 CD-ROM（也叫 ATAPI）是目前最常见的类型。

SCSI 卡：卡的型号。

网卡：网卡的型号。

鼠标：鼠标的类型（串口、PS/2 或总线鼠标）；协议（Microsoft、Logitech、Mouse-Man，等等）；按键的数量；对串口鼠标还要知道它接在哪个串口上。

一般情况下，安装程序能自动识别大多数硬件。然而，事先收集信息仍是顺利安装好 Linux 系统的必不可少的步骤。

2）有关网络方面的信息

如果将 Linux 系统连在网络上，还需要了解网络方面的信息。

IP 地址：通常是用点分开的四个数字（IPv4），如 192.168.0.10。

子网掩码（netmask）：另一组用点分开的四个数字，如 255.255.255.0。

网关 IP 地址：还是一组用点分开的四个数字，如 192.168.0.254。

域名服务器 IP 地址：用点分开的数字组。192.168.0.1 就可能是一个域名服务器的 IP 地址。

域名：用户的单位名字，如 Red Hat Software 有一个域名叫 redhat.com。

宿主机名（hostname）：用户计算机的名字，如一个计算机的名字可能为 web。

2. 硬盘分区介绍

为了安装 Red Hat Linux 系统，用户必须为它准备足够的硬盘空间。这个硬盘空间必须和用户计算机上安装的其他操作系统（如 Windows、OS/2 或者其他版本的 Linux）所使用的硬盘空间分开。

一个硬盘可以分割成不同的分区，访问每个分区就像访问不同的硬盘，每个分区甚至可以用一个类型来表明这个分区中信息是如何存储的。

Linux 通过字母和数字的组合来标识硬盘分区。如果用户习惯使用"C 盘"来标识硬盘分区的话，可能会搞混。Red Hat Linux 硬盘分区的命名设计比其他操作系统更为灵活，能表达更多的信息。归纳如下：

前两个字母：分区名的前两个字母表明分区所在设备的类型。通常可以看到 hd（指 IDE 硬盘）或 sd（指 SCSI 硬盘）。

第三个字母：这个字母表明分区在哪个设备。例如：/dev/hda 表示第一个 IDE 硬盘；/dev/sdb 表示第二个 SCSI 硬盘。

数字：代表分区。前四个分区（主分区或扩展分区）用数字 1 到 4 表示。逻辑分区从 5 开始。例如：/dev/hda3 代表第一个 IDE 硬盘上的第三个主分区或扩展分区；/dev/sdb6 代表第二个 SCSI 硬盘上的第二个逻辑分区。

IDE 硬盘的命名取决于该硬盘所在的 IDE 通道和它在这个通道中所处的模式（主或从），见表 1-1。

表1-1 IDE硬盘命名示例

Channel	Jumper	hdx
ide0	master	hda
ide0	slave	hdb
ide1	master	hdc
ide1	slave	hdd
ide2	master	hde
ide2	slave	hdf
ide3	master	hdg
ide3	slave	hdh

其中：ide0 = primary，ide1 = secondary，ide2 = tertiary，ide3 = quarterary。

3. 获取Linux系统安装光盘

读者可以购买盒装的Red Hat Linux系统安装光盘，或者从其他渠道获得。

1.2.2 安装步骤

Linux安装模式主要包括图形化界面安装和文本模式安装两种。图形化界面美观，安装简便，因此着重介绍图形化界面安装模式。

（1）启动计算机，进入CMOS，将启动顺序设为"从光驱启动"，保存退出CMOS，将Linux安装光盘（本教材使用RedHat Enterprise Server 5）放入光驱中，计算机系统将进入如图1-2所示的安装方式选择界面，在这里我们以图形方式进行安装，所以直接按回车（Enter）键即可。

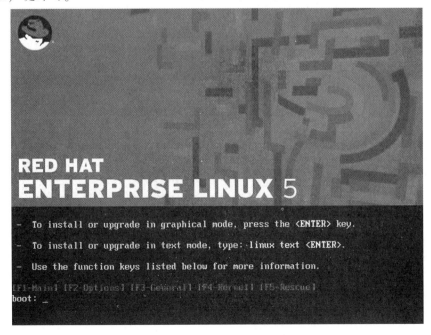

▲图1-2 安装方式选择界面

(2) 正式安装前,系统会要求用户对安装光盘进行一次检测,这样可以避免在 Linux 系统安装过程中出现错误。这里我们不希望检测,直接单击"Skip"按钮,进行下一步操作。如图 1-3 所示。

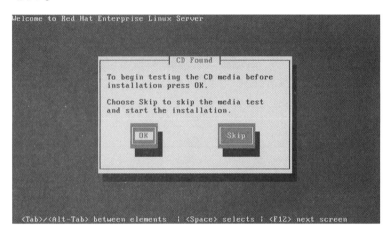

图 1-3 检测安装光盘

(3) 系统开始运行图形界面的安装程序,出现欢迎界面,直接单击"Next"按钮进入下一步安装过程。如图 1-4 所示。

图 1-4 安装欢迎界面

(4) 进入安装语言选择界面,默认安装语言为英文,用户可根据实际情况,选择安装的语言。我们在此选择"简体中文",单击"Next"按钮。如图 1-5 所示。

(5) 进入键盘配置界面,在此只需选择默认即可,单击"下一步"按钮。如图 1-6 所示。

(6) 进入安装号码界面,输入软件安装号码,这个号码将决定安装程序可用的软件包。如果跳过输入安装号码,只能安装基本的软件包。输入完成之后,单击"确定"按钮。如图 1-7 所示。

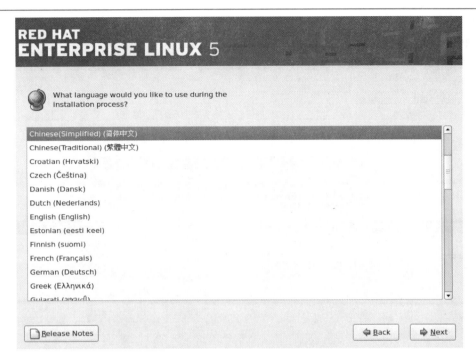

图1-5 安装语言选择界面

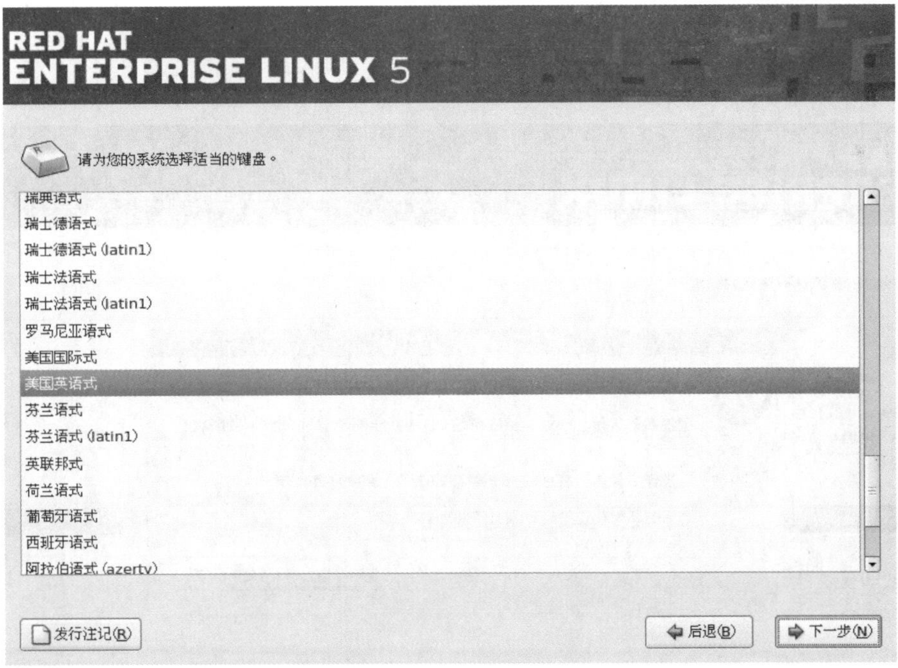

图1-6 选择键盘类型

（7）安装程序会跳出一个警告对话框，提示磁盘上的分区表无法读取，如图1-8所示。提示在该驱动器上可能没有 Linux 分区表，或者目前的分区表无法被读取。警告创建分区时需要对目前的分区执行初始化，从而破坏现有数据。如果没有重要数据则单击"是"按钮进入下一步操作；如果有重要数据则单击"否"按钮，退出安装，做好数据备份。这里我们单

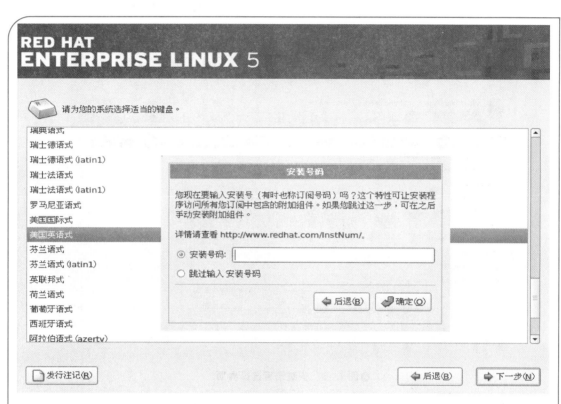

▲图1-7 安装号码录入界面

击"是"按钮继续安装。回到之前的语言选择界面,单击"下一步"按钮。

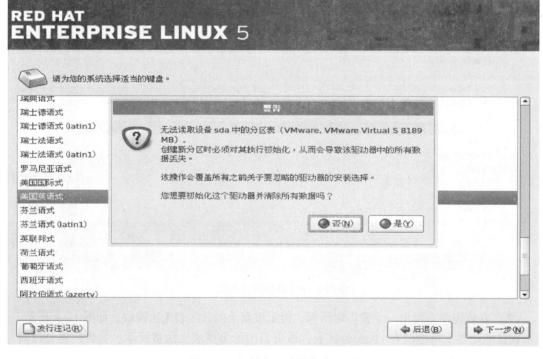

▲图1-8 初始化驱动器警告对话框

(8) 进入磁盘分区设置界面。在此选择默认的分区结构，Linux 会自动为用户分区，不需要手工设置，这一选项适合初学者。也可选中"检验和修改分区方案"复选框，根据具体的网络应用情况和用户的意愿进行分区。在此我们选择默认分区方案，单击"下一步"按钮。如图 1-9 所示。

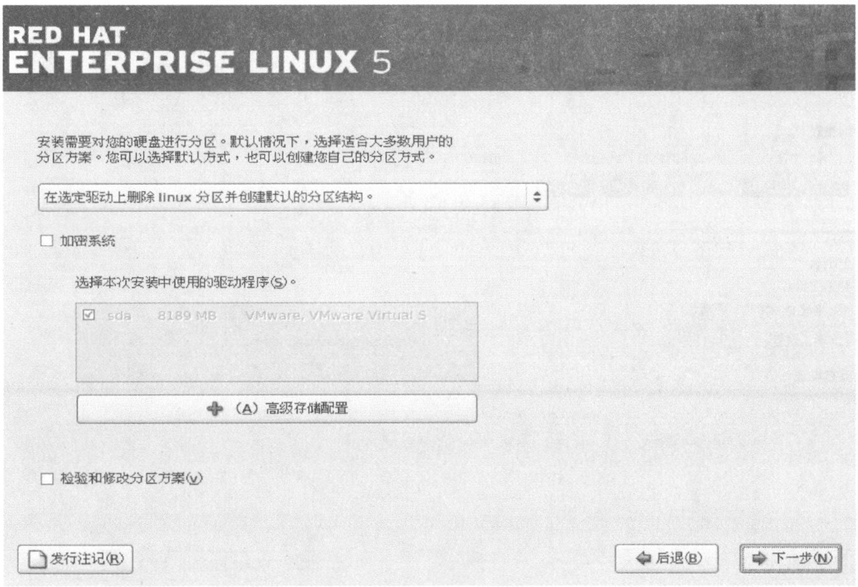

▲图 1-9　磁盘分区设置

(9) 在此会出现一个警告对话框，提示用户，分区后所有数据将会丢失，是否继续进行。单击"是"按钮则继续，单击"否"按钮则退出。在此我们选择单击"是"按钮，如图 1-10 所示。

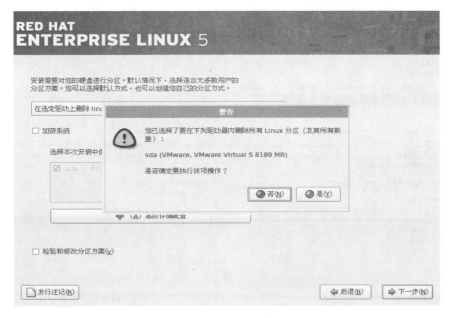

▲图 1-10　数据分区警告对话框

（10）回到之前的界面，单击"下一步"按钮，进入网络配置界面。在此需要用户输入主机名、网关和 DNS 等数据。在默认情况下，Linux 是以 DHCP 分配 IP 地址的，用户若要更改，需将"网络设备"下的复选项去除。再单击"编辑"按钮，修改网卡的 IP 地址。如图 1-11 所示。

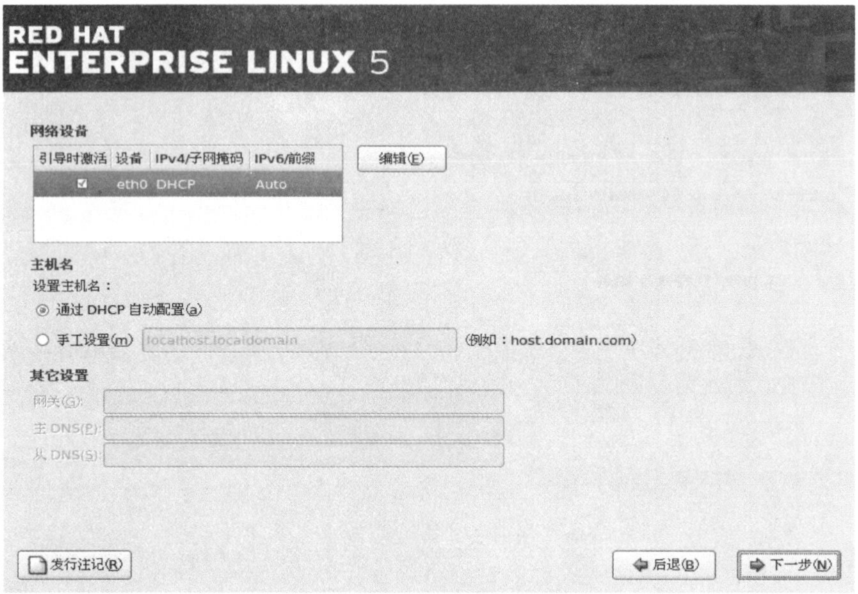

▲图 1-11　网络配置界面

（11）单击"编辑"按钮，进入修改网卡的 IP 地址界面。在此去除"通过 DHCP 自动配置"复选项，即可输入 IP 地址和子网掩码，同时建议用户将"引导时激活"复选项选上，即计算机在启动时，会自动激活网卡配置。如图 1-12 所示。

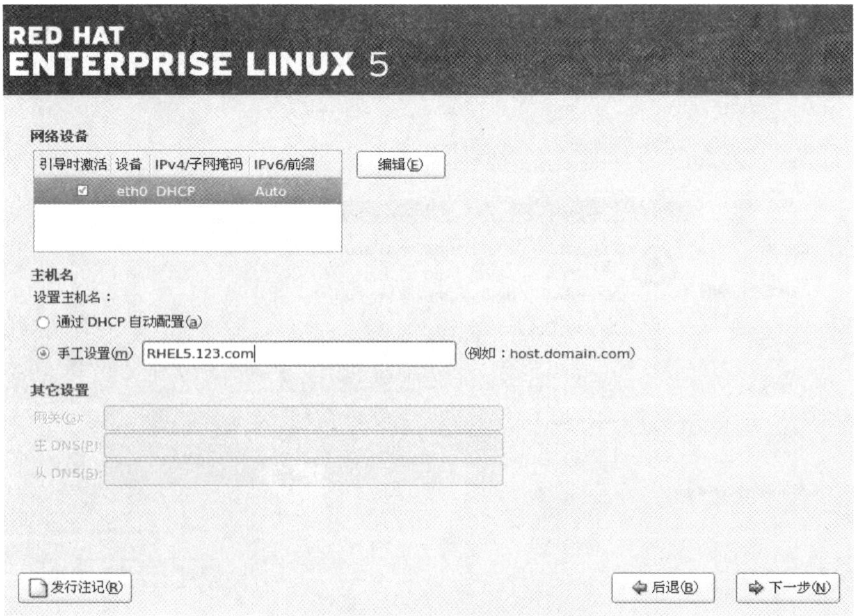

▲图 1-12　网络配置界面

（12）进入时区选择界面。我们选择所处的世界时区，即第八时区，中国处于第八时区。我们选择"亚洲/上海""系统时钟使用 UTC"，UTC 为 Universal Time Coordinated 即世界标准时间，也叫格林尼治标准时间，中国的时间为 UTC+8。选定好之后，单击"下一步"按钮。如图 1-13 所示。

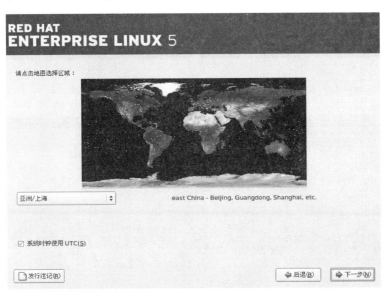

▲图 1-13　时区选择界面

（13）进入管理员密码设置界面，超级管理员在此输入其密码，其中密码的最小长度为 6 位字符。在此我们建议，根用户的密码可设置得长一些，同时不要将自己的姓名、家里的电话以及一些容易被猜中英文用作密码，可将密码设置得复杂一些，如中间加入特殊字符和标点符号等。密码长度最好设置在 8~22 位之间，设置好之后，单击"下一步"按钮。如图 1-14 所示。

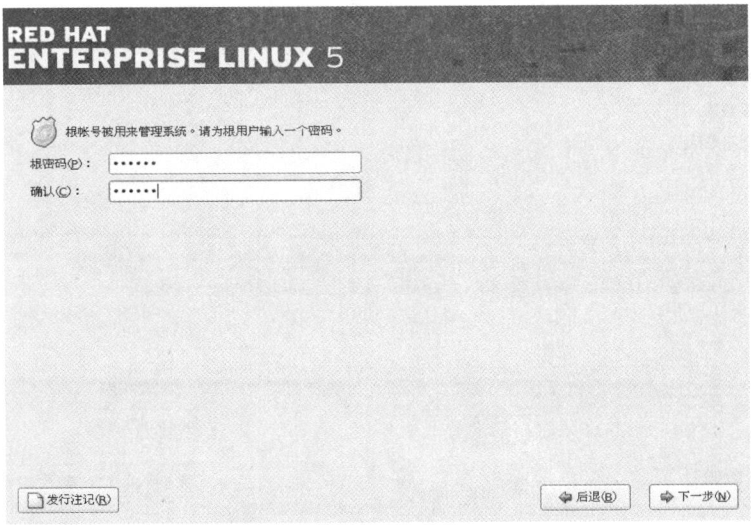

▲图 1-14　设置根用户密码界面

（14）进入默认软件包组界面。在此，系统默认选择"稍后定制"，若用户希望快速安装完系统后再定制安装软件的话，可以选择此选项。第二个选项"现在定制"，用户可以定制安装一般软件包组，非常灵活方便。在此我们选择第二个选项。如图 1 – 15 和图 1 – 16 所示。

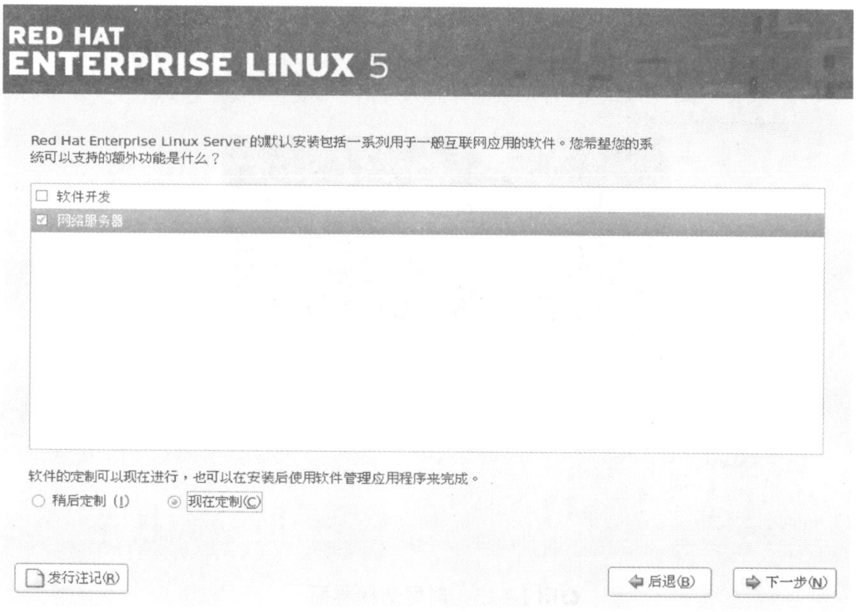

图 1 – 15　软件包组安装设置界面

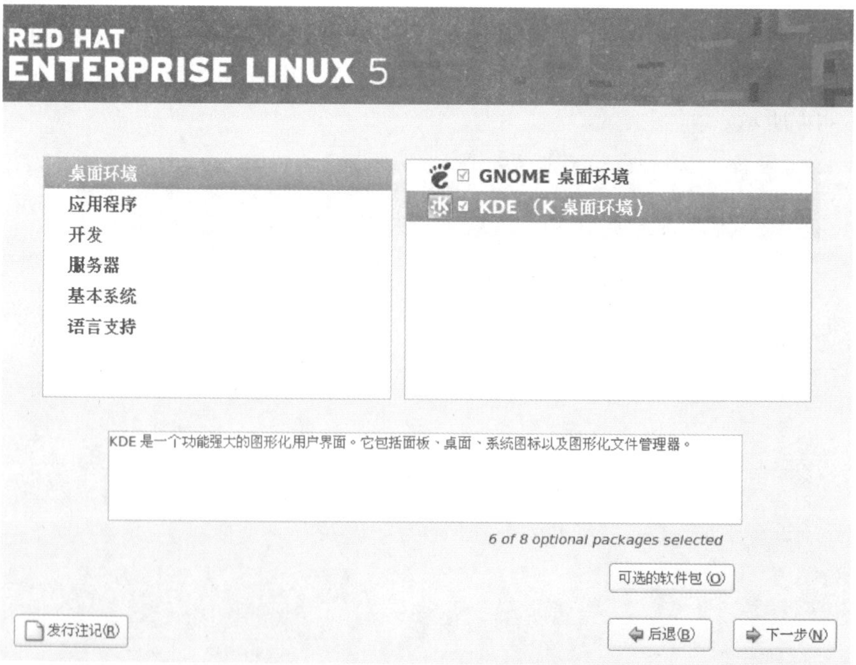

图 1 – 16　软件包组定制界面

（15）单击"下一步"按钮，进入选择软件包组界面。在此我们除了可以选择最大化安装或最小化安装（即只安装一些常用的命令和内核模块），更重要的是用户可以定制安装一些软件包组，可以进行个性化选择安装，选择时可以进行更细致化地选择。如图1-17所示。

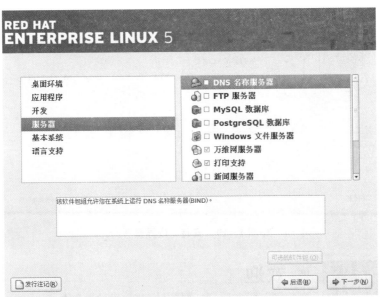

▲图1-17　网络服务器软件包定制界面

（16）单击"下一步"按钮，进入安装软件包组界面。当用户做好所有软件包安装选择以后，即可进行软件包的安装。安装时，用户只需更换光盘并等待就可以了。如图1-18所示。

▲图1-18　软件包组即将安装界面

（17）安装完毕，重新引导以进行安装后配置。如图1-19所示。
（18）重新引导准备进入系统。如图1-20所示。

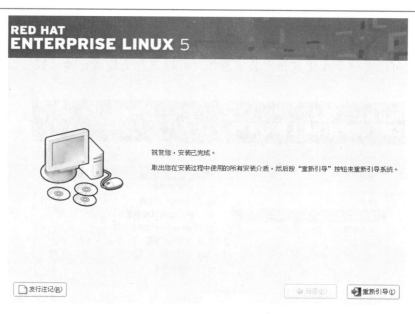

▲图 1-19　安装完成界面

▲图 1-20　欢迎界面

1.2.3　Linux 首次启动

（1）在 Linux 系统安装完成后，重新引导进入欢迎界面，我们还需要在首次启动中做些基本配置以完成最后的安装工作。单击"前进"按钮进入下一步设置。如图 1-20 所示。

（2）进入许可协议界面，请选择"是，我同意这个许可协议"选项，单击"前进"按钮进入下一步设置。如图 1-21 所示。

项目一　Linux 的安装与启动

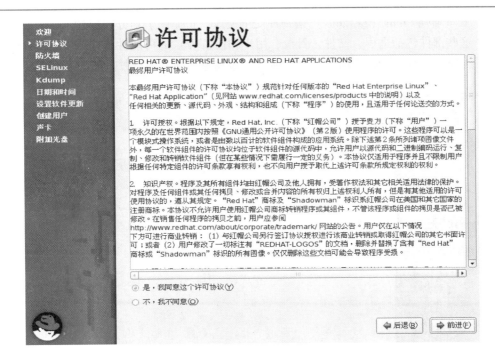

▲图 1－21　许可协议界面

（3）为增强系统安全性，Linux 提供了防火墙保护，默认情况下防火墙功能是启用的。我们为了学习的需要，先将防火墙功能设置为禁用，在后续项目中再介绍如何在使用时打开防火墙功能。单击"前进"按钮进入下一步设置。如图 1－22 所示。

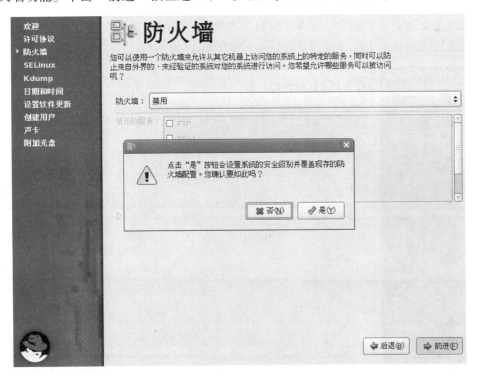

▲图 1－22　防火墙界面

（4）安全增强 Linux（SELinux）是一种安全模式，它提供了划分和保护 Linux 系统每个部件（这些部件包括进程、文件、目录、用户和设备等）的可能性。在 SELinux 设置选项中，可选择强制、允许或禁用。单击"前进"按钮进入下一步设置。如图 1-23 所示。

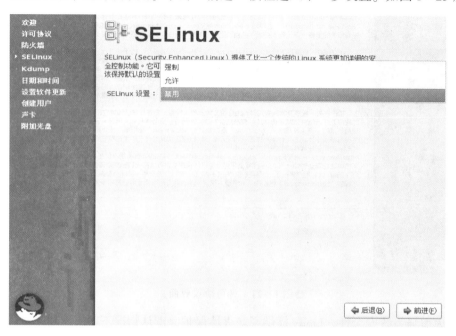

图 1-23　SELinux 界面

（5）Red Hat Enterprise Linux 5 支持 Kexec/Kdump 提供的最新崩溃转储（crash dump）功能，也就是提供了一个崩溃时的内存快照，方便有经验的维护者快速查找到错误所在。单击"前进"按钮进入下一步设置。如图 1-24 所示。

图 1-24　Kdump 界面

（6）在日期和时间设置界面中，根据当前安装时间设置正确的系统时间。如图 1-25 所示。单击"前进"按钮进入下一步设置。

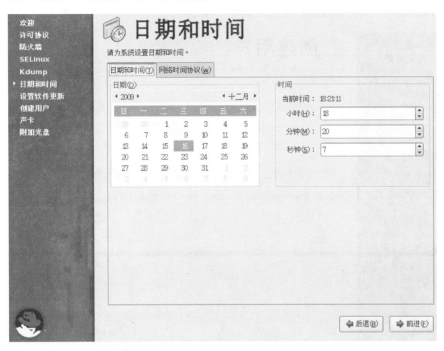

▲图 1-25　日期和时间界面

（7）在设置软件更新界面中，如果选择"是，我现在注册"选项，以后如果有新版本的软件，系统自动进行升级；如果选择"不，我将在以后注册"选项，系统将不会自动升级。用户可根据具体情况进行选择。单击"前进"按钮进入下一步设置。如图 1-26 所示。

▲图 1-26　设置软件更新界面

(8)在创建用户界面中,建立一个用于日常工作的普通用户,也可以不建立。如果需要建立,则输入一个普通用户的用户名、全名、口令和确认口令(口令和确认口令必须相同)。当然用户也可以在启动系统后再建立。单击"前进"按钮进入下一步设置。如图 1-27 所示。

▲图 1-27　创建用户界面

(9)在声卡界面中,可以测试系统声卡情况并进行相应配置。单击"前进"按钮进入下一步设置。如图 1-28 所示。

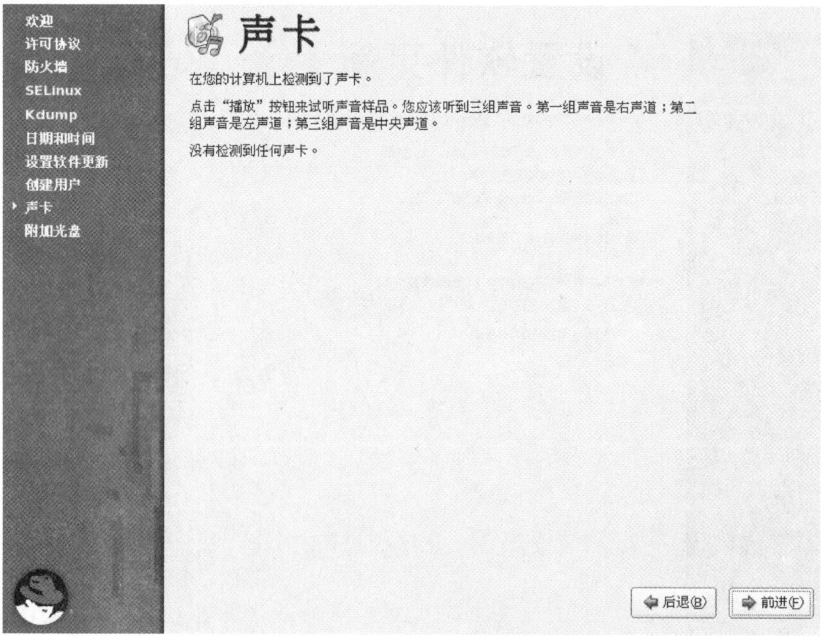

▲图 1-28　声卡界面

（10）在附加光盘界面中，用户可以进行第三方软件安装设置。由于可以在系统启动以后再按需安装，所以我们在这里单击"完成"按钮结束首次启动设置工作。如图 1-29 所示。

图 1-29　附加光盘界面

至此，首次启动的设置工作全部完成，在登录界面输入正确的用户名和密码就可以正式地使用 Linux 系统了。如图 1-30 所示。

图 1-30　图形化登录界面

1.2.4 Linux 的运行级别

1. 图形化登录

在安装中，如果选择了图形化登录类型，会看到如图 1-30 所示的图形化登录界面。除非为系统设定了一个主机名（主要用于网络设置），否则系统名字可能为 localhost。

要想在图形化登录界面上登录为根用户，在登录提示后输入 root，按 Enter 键，在口令提示后输入安装时设定的根口令，然后按 Enter 键。要想登录为普通用户，在登录提示后输入用户名，在口令提示后输入在创建用户账号时选择的口令，然后按 Enter 键。从图形化登录界面登录会自动启动图形化桌面。

2. 虚拟控制台登录

在安装中，如果选择了文本登录类型，在系统引导后，会看到一个与下面相仿的登录提示：

```
Red Hat Enterprise Linux Server releasse 5.4(Tikanga)
Kernel 2.6.18-164.el5 on an i686
```

localhost login：

除非用户为系统另外设定了一个主机名（主要用于网络设置），否则系统的名字可能为 localhost.localdomain。

要从控制台上登录为根用户，在登录提示后输入 root，按 Enter 键，在口令提示后输入安装时设定的根口令，然后按 Enter 键。要登录为常规用户，在登录提示后输入用户名，按 Enter 键，在口令提示后输入在创建用户账号时所选择的口令，然后按 Enter 键。在登录后，可以输入 startx 命令来启动图形化桌面。

3. 注销

1）图形化注销

选择"系统"菜单中的"注销"选项就可以注销当前登录。

2）虚拟控制台注销

输入 logout 命令可以注销当前登录。

4. 关机

在切断计算机电源之前，首先要关闭 Red Hat Linux 系统。绝不能不执行关机进程就切断计算机的电源，这样做会导致未存盘数据的丢失或者系统损害。

1）图形化关闭

在注销后的界面选择"关机"选项就可以关闭系统。

2）虚拟控制台关闭

输入 shutdown -h now 命令进行关机。

5. Linux 运行级别

在 Linux 系统中 /etc/inittab 文件是其运行级别的配置文件，用户可以根据需要对该文件进行设置以达到用户的要求。文件部分内容如下：

```
[root@ RHEL5 etc]# cat/etc/inittab
#
# inittab This file describes how the INIT process should set up
# the system in a certain run - level.
#
# Author:Miquel van Smoorenburg, <miquels@ drinkel.nl.mugnet.org >
# Modified for RHS Linux by Marc Ewing and Donnie Barnes
#

# Default runlevel. The runlevels used by RHS are:
# 0 - halt(Do NOT set initdefault to this)
# 1 - Single user mode
# 2 - Multiuser,without NFS(The same as 3,if you do not have networking)
# 3 - Full multiuser mode
# 4 - unused
# 5 - X11
# 6 - reboot(Do NOT set initdefault to this)
#
```

id:5:initdefault://此处是系统启动时进入何种运行级别的配置项

1.3　Linux 的终端和图形化桌面使用

　　Red Hat Enterprise Linux 5 为用户提供了两个桌面环境，除了默认的 GNOME 桌面环境外，还有 KDE 桌面环境。在介绍 GNOME 和 KDE 之前，先介绍 UNIX/Linux 图形环境的概念。

　　对于习惯使用 Windows 的用户来说，使用 UNIX/Linux 的图形环境还是比较容易的。但 UNIX/Linux 与 Windows 不同，强大的命令行界面始终是它们的基础，在 20 世纪 80 年代中期，图形界面风潮席卷操作系统业界，麻省理工学院（MIT）也在 1984 年与当时的 DEC 公司合作，致力于在 UNIX 系统上开发一个分散式的视窗环境，这便是大名鼎鼎的"X Window System"项目。X Window 并不是一个直接的图形操作环境，而是图形环境与 UNIX 系统内核沟通的中间桥梁，任何厂商都可以在 X Window 基础上开发不同的 GUI 图形环境。1986 年，MIT 正式发布 X Window，此后它便成为 UNIX 的标准视窗环境。紧接着，负责发展该项目的 X 协会成立，X Window 进入了新阶段。与此同步，许多 UNIX 厂商也在 X Window 原型上开发适合自己的 UNIX GUI 视窗环境，其中比较著名的有 SUN 与 AT&T 联手开发的"Open Look"，以及 IBM 主导下的 OSF（Open Software Foundation，开放软件基金会）开发出的"Motif"。而一些爱好者则成立了非营利的 XFree86 组织，致力于在 X86 系统上开发 X Window，这套免费且功能完整的 X Window 很快就使用在商用 UNIX 系统中，且被移植到多种硬件平台上。

　　X Window 从逻辑上分为三层：最底层的 X Server（X 服务器）主要处理输入/输出信息并维护相关资源，它接收来自键盘、鼠标操作所产生的信息并将它交给 X Client（X 客户端）做出反馈，而由 X Client 传来的输出信息也由 X Server 来负责输出；最外层的 X

Client 则提供一个完整的 GUI 界面，负责与用户的直接交互（KDE、GNOME 都是一个 X Client）；而衔接 X Server 与 X Client 的就是"X Protocol（X 通信协议）"，它的任务是充当这两者的沟通管道。尽管 UNIX 厂商采用相同的 X Window，但由于终端的 X Client 并不相同，这就导致不同 UNIX 产品搭配的 GUI 界面看起来不一样。

1.3.1 GNOME

GNOME，即 GNU 网络对象模型环境（The GNU Network Object Model Environment），是 GNU 计划的一部分，是开放源码运动的一个重要组成部分。GNOME 的目标是基于自由软件为 UNIX 或者类 UNIX 操作系统构造一个功能完善、操作简单以及界面友好的桌面环境，它是 GNU 计划的正式桌面。GNOME 计划是 1997 年 8 月由 Miguel de Icaza 和 Federico Mena 发起的，作为 KDE 的替代品。

GNOME 桌面主张简单、好用和恰到好处，因此在 GNOME 开发中有两点很突出：

（1）可达性：设计和建立为所有人所用的桌面和应用程序，不论其技术技巧匮乏或身体残疾。

（2）国际化：保证桌面和应用程序有多种语言版本。

GNOME 桌面由许多不同的项目构成，最重要的部分如下所示：

ATK——可达性工具包。

Bonobo——复合文档技术。

GObject——用于 C 语言的面向对象框架。

GConf——保存应用软件设置。

GNOME VFS——虚拟文件系统。

GNOME Keyring——安全系统。

GNOME Print——GNOME 软件打印文档。

GStreamer——GNOME 软件的多媒体框架。

GTK+——构件工具包。

Cairo——复杂的 2D 图形库。

Human Interface Guidelines——SUN 微系统公司提供的使得 GNOME 应用软件易于使用的研究和文档。

LibXML——为 GNOME 设计的 XML 库。

ORBit——使软件组件化的 CORBAORB。

Pango——i18n 文本排列和变换库。

Metacity——窗口管理器。

GNOME 的应用软件主要包括：

Abiword——文字处理器。

Epiphany——网页浏览器，自从 GNOME2.4 起 Epiphany 取代 Galeon 成为缺省浏览器。

Evolution——联系/安排和 E-mail 管理。

Gaim——即时通信软件。

Gedit——文本编辑器。

The Gimp——高级图像编辑器。

Gnumeric——电子表格软件。

Ekiga——IP 电话或者电话软件。
Inkscape——矢量绘图软件。
Nautilus——文件管理器。
Rhythmbox——类似 Apple iTunes 的音乐管理软件。
Totem——媒体播放器。
GNOME 桌面环境如图 1-31 所示。

图 1-31　GNOME 桌面环境

更多 GNOME 内容请参考网站 http://www.gnome.org。

1.3.2　KDE

　　KDE 是 K Desktop Environment（K 桌面环境）的缩写。KDE 是一种著名的运行于 UNIX 以及 Linux、FreeBSD 等类 UNIX 操作系统上的自由图形工作环境，整个系统采用的都是 TrollTech 公司所开发的 Qt 程序库。KDE 是由德国人 Mathias Ettrich 于 1996 年开始的一个项目，其目的是在 X Window 上建立一个完整的、易用的桌面环境。由于 KDE 拥有众多可用的自由软件且界面美观，因此深受用户青睐，得到了迅速发展。

　　KDE 的应用程序有：
Konqueror——档案管理与网页浏览器。
Amarok——音乐播放器。
Gwenview——图像浏览器。
Kaffeine——多媒体播放器。
Kate——文本编辑器。
Kopete——即时通信软件。
KOffice——办公软件套件。

Kontact——个人信息管理软件。
KMail——电子邮件客户端。
Konsole——终端模拟器。
K3B——光盘烧录软件。
KDevelop——集成开发环境。
KDE 桌面环境如图 1-32 所示。

▲图 1-32　KDE 桌面环境

更多内容请参考网站 http：//www.kde.org/或者 http：//www.kdecn.org/。

1.4　小　结

本项目主要介绍了 Linux 的历史、优点、内核、发行版本和 Linux 的安装前准备、安装步骤，以及 Linux 首次启动、运行级别、桌面应用等知识，使初学者能够较快、较全面地了解 Red Hat Enterprise Linux 5，为后续学习打下基础并准备好系统环境。

1.5　习　题

1. 什么是 Linux？Linux 有什么优点？
2. 什么是主分区？什么是扩展分区？什么是逻辑分区？
3. 在 Linux 系统中如何标识一个 IDE 硬盘的分区？

项目二　Linux 的设备管理与文件系统

设备管理是操作系统的主要功能之一。设备管理体现在设备的安装和设备的使用上，包括驱动程序的安装和设备的安装与配置。Linux 的文件系统比较独特，和 Windows 平台的文件系统有着很大的区别。

│学习目标│

(1) 学习 Red Hat Enterprise Linux 5 系统中一些重要的外部硬件设备的配置；
(2) 掌握文件系统目录、结构方面的知识；
(3) 掌握硬盘分区、格式化的方法；
(4) 掌握磁盘挂载和卸载的方法；
(5) 掌握磁盘配额的设置方法。

2.1　设备的概念及目录与文件系统简介

2.1.1　Linux 系统支持的设备

在计算机系统中，除 CPU 和内存外，其他的大部分硬件设备都称为外部设备。外部设备包括常用的 I/O 设备、外存设备以及终端设备等。这些设备种类繁多，特性各异，操作方式也有很大区别。Linux 系统支持即插即用，使设备管理更简单。

Linux 把所有外部设备按其数据交换的特性分为三类：

1）字符设备

它是以字符为单位进行输入/输出的设备，如打印机、显示终端等。

2）块设备

它是以数据块为单位进行输入/输出的设备，如磁盘、光盘等。

3）网络设备

它是以数据包为单位进行数据交换的设备，如以太网卡等。

值得注意的是，无论是哪种类型的设备，Linux 都把它们统一当作文件来处理，用户可以像使用文件一样来使用这些设备。同时，Linux 系统提供了一种全新的机制，就是

"可安装模块"。可安装模块是在系统运行时可以动态地安装和拆卸的内核模块。利用这个机制，可以根据需要在不必对内核重新编译、链接的条件下，将可安装模块动态地插入运行中的内核，成为其中一个有机组成部分，或者从内核卸载已安装的模块。设备驱动程序或与设备驱动紧密相关的部分（如文件系统）都是利用可安装模块来实现的。

Linux 系统的设备文件基本上都存放在系统的设备目录/dev 下，其常用设备及设备文件如表 2-1 所示。

表 2-1　Linux 系统支持的常用设备及设备文件

设备名	设备描述	其他说明
/dev/mem	读/写物理内存时使用	
/dev/null	空的设备文件	把信息输出到该设备文件，信息将不会出现
/dev/fd0	Floppy 磁盘驱动器	
/dev/hdX	IDE 硬盘或光驱设备	$X \in \{a, b, c, d\}$
/dev/tty?	用户的终端接口	tty 后面的数字代表用户登录时所使用的控制台接口
/dev/console	系统的终端接口	
/dev/sdX	SCSI 硬盘	$X \in \{a, \cdots, p\}$

另外，/dev 下还有一些子目录，子目录中也包含一些设备文件，主要有：

/dev/bus——可以根据不同的总线（bus）将硬件分类，但目前最常用的总线访问存储器就是 USB 设备；

/dev/input——存放输入设备，主要是键盘和鼠标；

/dev/net——默认时只会有一个 tun 设备文件，用于建立 VPN 的交互管道。

2.1.2　目录与文件系统简介

文件系统（File System）指贮存在计算机上的文件和目录。文件系统可以有不同的格式，称为文件系统类型，这些格式决定信息是如何被贮存为文件和目录的。Linux 支持多种微机上的文件系统，如 Windows 的 FAT、NTF 等。

2.1.2.1　文件系统的类型

Linux 的文件系统类型很多，这里重点介绍比较有特色的文件系统类型，包括 ext3、交换区、RAID 和 LVM。

1. ext3

自 Red Hat 7.2 发行版开始，默认的文件系统已从 ext2 格式转换成登记式 ext3。ext3 具有以下优点：

1）可用性

在异常断电或系统崩溃（又称为不洁系统关机）情况发生时，ext3 根据用于维护一致性的登记日志（Journal），快速地恢复系统，大大地节省了开机时间。

2）数据完好性

ext3 在发生了不洁系统关机故障时能够提供更强健的数据完好性，它允许用户选择数据接受的保护类型和级别。

3）速度

ext3 采用了登记报表的方式，从而优化了硬盘驱动器的磁头运动，提高了数据读/写速度。

4）简易转换

用户可以非常容易地把 ext2 转换为 ext3，而不需要格式化。

2. 交换空间

Linux 中的交换空间（Swap Space）在物理内存被充满时被使用。如果系统需要更多的内存资源，内存中不活跃的页就会被移到交换空间里去。

3. 独立磁盘冗余阵列（RAID）

RAID 的基本目的是把多个小型廉价的磁盘驱动器合并成一组阵列来达到大型昂贵的驱动器所达到的性能或冗余性，这个驱动器阵列在计算机眼中就如同一个单一的逻辑贮存单元或驱动器。

4. 逻辑卷管理器（LVM）

LVM 是一种把硬盘驱动器空间分配成逻辑卷的方式，这样硬盘就不必使用分区，而是被简易地重划大小。

2.1.2.2 系统目录

Linux 系统以文件目录的方式来组织和管理系统中的所有文件。整个文件系统有一个"根（root）"，然后在根上分"杈（directory）"，任何一个分杈上都可以再分杈，也可以长出"叶子"。"根"和"杈"在 Linux 中被称为目录或文件夹，而"叶子"则是一个个的文件。在 Linux 系统中，文件系统的根目录用符号"/"表示。Linux 文件系统结构如图 2-1 所示。

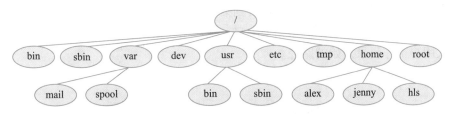

⬥图 2-1 典型的 Linux 文件系统结构示意图

Linux 是一个多用户系统，操作系统本身的程序或数据存放在以根目录开始的某些专用目录中，有时被指定为系统目录。这些目录依照不同的用途而保存特定文件。表 2-2 是 Linux 系统的一些主要目录。

表 2-2 Linux 系统主要目录

目录	说明
/	根目录，它是所有文件的祖先
/bin	基本命令的二进制文件
/boot	引导系统加载的静态文件

续表

目录	说明
/dev	设备文件
/etc	本地计算机系统配置文件
/home	用户的家目录
/lib	共享库和内核模块
/mnt	临时文件系统挂载点
/opt	附加软件包
/proc	虚拟文件系统的内核和进程信息保存在内存的此目录下，包含用来提供有关系统信息的文件
/root	root 用户的家目录
/sbin	基本的二进制系统文件
/tmp	临时文件夹
/usr	第二主文件层次
/var	变量数据

另外，上述目录中可能还包含子目录，用于存放一些特定的信息。

2.1.2.3 文件系统的结构

Linux 系统是通过上下连接的分层目录文件结构来组织文件的，每一个目录可能包含了文件和其他目录。当用户登录到系统后，每时每刻都"处在"某个目录之中，此目录被称作工作目录或当前目录（Working Directory）。工作目录用"."表示，且可以随时改变。

用户刚登录到系统中时，其工作目录便是该用户主目录。root 用户的主目录为/root，其他用户的主目录是在/home 下的与登录名相同的目录。

路径是指从树型目录中的某个目录层次到某个文件或目录的路线。任一文件在文件系统中的位置可以由相对路径或绝对路径来决定。绝对路径是指从"根"开始的路径；相对路径是指从用户工作目录开始的路径。

2.1.2.4 文件名

每个文件都有一个名字。文件名的最大长度与文件系统的类型有关。文件名是文件的一种标识，一般情况下，它由字母、数字、下划线和圆点组成的字符串来构成。Linux 支持长文件名，但要求文件名的长度限制在 255 个字符以内。选择的文件名要尽可能有意义，并且要求在同一个目录下的文件不能同名。

注意 Linux 系统区分大小写，因此，大小写不同的文件名代表不同的文件。

2.2 Linux 设备管理

【任务描述】

Red Hat Enterprise Linux 5 的设备管理可以通过多种方式进行。直接修改配置文件是系统管理员比较偏爱的管理方式，因为它比较快捷；而使用图形化工具对普通用户来说更容易。本任务主要是通过图形化的方式完成一些硬件的配置。

【任务目标】

掌握 Red Hat Enterprise Linux 5 中硬件设备资料的查看方法、常用硬件设备的设置修改以及打印机的安装与配置。

2.2.1　硬件设备浏览

1. 设备自检

Red Hat Enterprise Linux 5 在系统启动时，会对硬件设备进行自动检测。检测的结果首先会保存到缓存区中，可以通过命令 dmesg 进行查看或直接查看/usr/log/dmesg 文件来获得系统自动检测完成后的信息。

2. 添加/删除硬件设备

当系统检测到新的硬件设备或用户移出了某硬件设备，可以使用 kudzu 这个命令完成对系统设备的设置。Linux 根据/usr/share/hwdata 文件目录下的硬件设备的资料，对系统的设备进行检查，并将修改完成后的参数写入/etc/sysconfig/hwconf 文件中。

2.2.2　常见硬件设备设置

1. 桌面显示设置

通过选择"系统"|"管理"|"显示"或通过命令 system – config – display，即可进入"显示设置"对话框，如图 2 – 2 所示。在此对话框的"设置"标签下可以设置显示器的分辨率和色彩深度，在"硬件"标签下可以设置"显示器类型"和"视频卡（显卡）类型"。

▲图 2 – 2　"显示设置"对话框

2. 配置声卡

系统一般都能自动检测出声卡。如果在系统安装时没有配置声卡，可以通过选择"系统"|"管理"|"声卡检测"或通过命令 system – config – soundcard 进入"声音配置"对话框进行设置。如图 2 – 3 所示。

△图 2 – 3 "声音配置"对话框

3. 配置网卡

Linux 下安装网卡有图形化和文本配置两种方式，这里介绍图形化方式，文本方式将放在项目六讲解。

通过选择"系统"|"管理"|"网络"或通过命令 system – config – network，即可进入"网络配置"对话框。如图 2 – 4 所示。

△图 2 – 4 "网络配置"对话框

项目二　Linux 的设备管理与文件系统

在"设备"标签下单击"编辑",可以进入"以太网设备"对话框。在"以太网设备"对话框的"常规"标签下可以设置网卡的 IP 地址,有两种选择:一种是自动获取;一种是手工配置静态的 IP 地址和相应的子网掩码。如果要接入 Internet 还需要输入默认网关。如图 2-5 所示。

图 2-5　"以太网设备"对话框

以太网设备配置完成后,返回到"网络配置"对话框,选择"DNS"标签,打开"DNS"选项卡,可以设置 DNS 服务器的相关信息,如主机名、主 DNS 和第二 DNS。如图 2-6 所示。

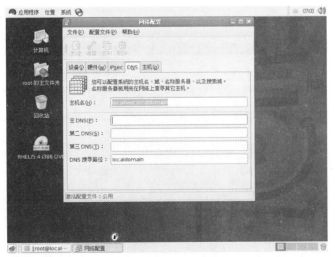

图 2-6　DNS 配置

设置完成后,需要保存并重新激活,网卡才能正常工作。

4. 打印机的安装与配置

Linux 系统使用 CUPS(Common UNIX Printing System)作为默认的打印机管理程序。安装系统时系统默认会安装 CUPS 软件包,如果没有安装,也可以利用软件管理的办法来安装。

打印机的安装可以使用图形化方式、Web 方式或者命令方式来完成。
（1）图形化方式。
通过选择"系统"|"管理"|"正在打印"或通过命令 system – config – printer，即可进入"打印机配置"对话框。如图 2 – 7 所示。

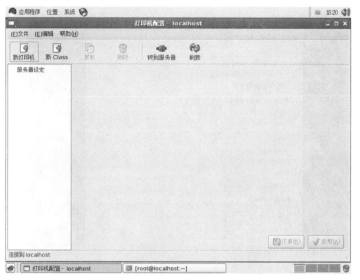

图 2 – 7　"打印机配置"对话框

在图 2 – 7 中单击"新打印机"按钮，系统将打开"新打印机"对话框，可以在此对话框中添加打印机名（默认为 printer）、描述和位置，如图 2 – 8 所示。完成后单击"前进"按钮。

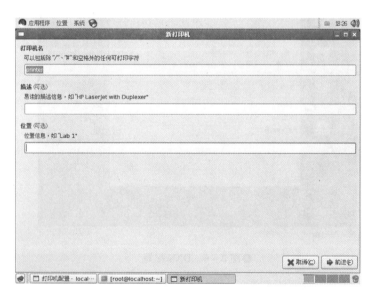

图 2 – 8　"新打印机"对话框

接下来，需要选择"选择连接"，在此对话框中设置打印机的连接类型。完成后单击"前进"按钮。接着需要从"从数据库中选择打印机"中来选择打印机的厂家，以及打印机的型号和驱动程序。完成后单击"前进"按钮,进入"转到创建一个新打印机"对话框。如果不需要再修改,单击"应用"按钮,完成打印机的添加操作;如果需要修改,可以单击"后退"按钮返回进行修改。

打印机添加完成后,可以在"打印机配置"对话框中看见添加的打印机(本例中是printer),单击打印机的名称,会出现"打印机配置"对话框。如图2-9所示。

图2-9 "打印机配置"对话框

在此对话框中可以修改和设置打印机的相关信息,如策略、访问控制等。

(2) Web方式。

通过在浏览器地址栏中输入http://localhost:631,即可进入打印机的Web设置,如图2-10所示。其中631端口是CUPS服务的端口。

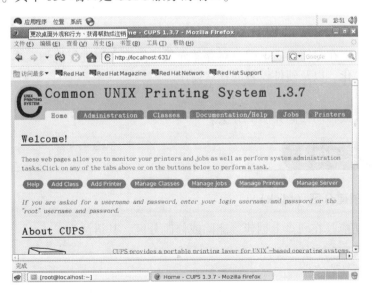

图2-10 CUPS的Web方式

Web 方式使用起来非常直观,添加和管理打印机都十分方便,在这里就不详细介绍了,读者可以自己尝试。

(3) 命令方式。

Linux 使用 lpadmin 命令对打印机进行配置和管理,这种方式适合 Linux 的系统管理人员。命令的使用可以参见 man 手册,在这里就不介绍了。

另外,用户还可以使用 setup 命令来设置部分硬件设备,如图 2-11 所示。setup 命令的使用要根据屏幕下方的提示进行,在这里也不进行详细讨论了,读者可以自己去练习使用。

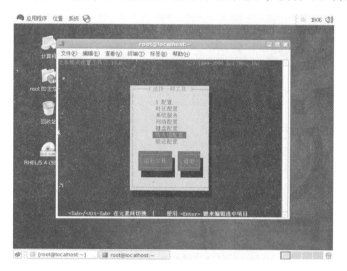

▲图 2-11　setup 命令示意图

2.3　Linux 文件系统管理

【任务描述】

文件系统是建立在存储介质上的,对存储介质的使用应先进行规划。本任务是完成对硬盘的分区、格式化,以及硬件设备的挂载使用。

【任务目标】

掌握硬盘分区或移动存储介质的方法。

2.3.1　文件系统创建

1. 在硬盘上创建分区 (fdisk)

fdisk 命令的功能是在硬盘上创建、删除或修改分区,其语法为:

```
fdisk[-u][-b sectorsize][-C cyls][-H heads][-S sects] device
fdisk-l[-u][device...]
fdisk-s partition...
fdisk-v
```

fdisk 的部分参数如表 2-3 所示。

项目二 Linux 的设备管理与文件系统

表 2-3 fdisk 命令的部分参数

参数	功能描述
-b sectorsize	指定磁盘扇区的大小，通常为 512B、1024B 或 2048B
-C cyls	指定磁盘的柱面数
-H heads	指定磁盘的磁头数，通常为 16 或 255
-S sects	指定磁盘上每道的扇区数，通常为 63
-l	以柱面方式列出指定盘上的分区，当给出 -u 参数时，以扇区为单位列出分区
-s partition	显示指定分区的大小
-u	以块为单位显示分区的大小

当不带参数运行 fdisk 时，会进入交互方式。当用户输入 m 后，显示一个帮助菜单，根据这个帮助菜单可以完成接下来的工作。

示例 1：为硬盘增添一个主分区，大小为 100MB。

步骤 1：使用命令 fdisk -l 浏览系统硬盘的分区状况，显示结果如下所示。

```
[root@ localhost ~]# fdisk -l
Disk/dev/sda:21.4 GB,21474836480 bytes
255 heads,63 sectors/track,2610 cylinders
Units = cylinders of 16065* 512 = 8225280 bytes
Device BootStartEndBlocksIdSystem
/dev/sda1* 1191215358108 +83Linux
/dev/sda219132042 104422582 Linux swap/Solaris
```

步骤 2：使用命令 fdisk/dev/sda 进入硬盘分区的交互方式，将显示如下的交互方式。

```
[root@ localhost ~]# fdisk/dev/sda
The number of cylinders for this disk is set to 2610.
There is nothing wrong with that,but this is larger than 1024,
and could in certain setups cause problems with:
1)software that runs at boot time(e.g.,old versions of LILO)
2)booting and partitioning software from other OSs(e.g.,DOS FDISK,OS/2 FDISK)
Command(m for help):
```

步骤 3：输入 m，显示交互方式的帮助菜单，如下所示。

```
Command(m for help):m
Command action
a toggle a bootable flag
b edit bsd disklabel
c toggle the dos compatibility flag
d delete a partition
l list known partition types
m print this menu
n add a new partition
o create a new empty DOS partition table
p print the partition table
q quit without saving changes
s create a new empty SUN disklabel
```

```
    t change a partition's system id
    u change display/entry units
    v verify the partition table
    w write table to disk and exit
    x extra functionality(experts only)
Command(m for help):
```

步骤4：选择n，添加一个新的分区。接下来选择p创建一个主分区。输入分区号为3，使用缺省的起始柱面数，在结束柱面数中使用大小，+100M，如下所示。

```
Command(m for help):n
Command action
e extended
p primary partition(1 - 4)
p
Partition number(1 - 4):3
First cylinder(2043 - 2610,default 2043):
Using default value 2043
Last cylinder or + size or + sizeM or + sizeK(2043 - 2610,default 2610):+100M
Command(m for help):
```

步骤5：输入w，保存并退出。系统提示内核仍然使用旧的分区表，需要重新启动系统，新的分区表才会生效。可以不用重启系统，使用命令partprobe通知内核使用新的分区表。至此，创建分区工作结束。

2. 创建文件系统（mkfs）

分区创建完成后，需要对磁盘进行格式化才能使用，这就是创建文件系统。其命令是mkfs，语法如下：

mkfs[-V][-t fstype][-l filename][-c]filesys[blocks]

mkfs的部分参数如表2-4所示。

表2-4 mkfs命令的部分参数

参数	功能描述
blocks	文件系统的总块数，一般不强行指定，由系统默认
filesys	可以是设备文件，也可以是文件系统的挂载点
-t fstype	文件类型，若不指定则使用缺省文件系统
-V	显示冗余信息
-c	创建文件系统前做坏块检查，此选项在某些文件系统中可能不被支持
-l filename	从文件中读取坏块信息，此选项在某些文件系统中可能不被支持

mkfs的具体使用可以参见man手册。

示例2：将示例1中创建的磁盘分区格式化为ext3文件系统。

使用命令mkfs -t ext3/dev/sda3可以将分区sda3格式化为ext3文件系统，效果如下所示。

```
[root@ localhost ~]# mkfs -t ext3/dev/sda3
mke2fs 1.39(29 - May - 2006)
Filesystem label =
```

```
OS type:Linux
Block size = 1024(log = 0)
Fragment size = 1024(log = 0)
26208 inodes,104420 blocks
5221 blocks(5.00%) reserved for the super user
First data block = 1
Maximum filesystem blocks = 67371008
13 block groups
8192 blocks per group,8192 fragments per group
2016 inodes per group
Superblock backups stored on blocks:
8193,24577,40961,57345,73729
Writing inode tables:done
Creating journal(4096 blocks):done
Writing superblocks and filesystem accounting information:done
This filesystem will be automatically checked every 34 mounts or
180 days,whichever comes first.Use tune2fs - c or - i to override.
```

2.3.2 文件系统的手工挂载

在 Linux 系统中要使用不存在的文件系统，必须先安装。安装是将一个外来的文件系统或设备挂载到某一个目录上。系统对该目录的存取操作就是对该文件系统或设备的操作。当使用完毕后，要卸载该文件系统或设备；否则如果中途强制退出，可能造成存储介质上的文件系统的损坏、数据不完整或丢失。

1. mount

mount 命令的功能是安装（挂载）文件系统，其语法为：

```
mount[ - lhV]
mount - a[ - fFnrsvw][ - t vfstype][ - O optlist]
mount[ - fnrsvw][ - o options[,...]] device | dir
mount[ - fnrsvw][ - t fstype][ - o options] device dir
```

最常用的命令是：mount – t type device dir。

mount 命令的常用参数如表 2 – 5 所示。

表 2 – 5　mount 命令的部分参数

参数	功能描述
– a	安装所有由/etc/fstab 管理的文件系统
– t fstype	指定文件类型，若不指定则系统将使用 – t auto 自行测试
– r	以只读方式安装
– o	用于设置安装选项，使用 loop 参数可将一个映像文件上的文件系统安装在系统上

2. umount

umount 是将已经安装的文件系统卸载。当然系统设备也可不拆卸，待关闭系统时由系统自动完成拆卸。umount 的语法为：
　　umount[-hV]
　　umount-a[-dflnrv][-t vfstype][-O options]
　　umount[-dflnrv] dir|device[...]
　　umount 的详细使用可以查看 man 手册。
　　示例 3：将示例 1 和示例 2 中的磁盘 sda3 挂载到/mnt/mydisk 上。
　　步骤 1：使用命令 mkdir/mnt/mydisk 在/mnt 下创建文件目录。
　　步骤 2：使用命令 mount –t ext3/dev/sda3/mnt/mydisk 将磁盘分区 sda3 挂载到/mnt/mydisk 上。
　　步骤 3：使用不带参数的命令 mount 可以查看挂载后的效果，如下所示，在最后一行有新挂载的磁盘。
　　[root@localhost~]#mount-t ext3/dev/sda3/mnt/mydisk/
　　[root@localhost~]#mount
　　/dev/sda1 on/ type ext3(rw)
　　proc on/proc type proc(rw)
　　sysfs on/sys type sysfs(rw)
　　devpts on/dev/pts type devpts(rw,gid=5,mode=620)
　　tmpfs on/dev/shm type tmpfs(rw)
　　none on/proc/sys/fs/binfmt_misc type binfmt_misc(rw)
　　sunrpc on/var/lib/nfs/rpc_pipefs type rpc_pipefs(rw)
　　/dev/sda3 on/mnt/mydisk type ext3(rw)
　　或者使用命令 df-h 进行磁盘查看。如下所示，在最后一行有新挂载的磁盘。
　　[root@localhost~]#df-h
　　文件系统 容量 已用 可用 已用% 挂载点
　　/dev/sda1 15G2.5G12G19%/
　　tmpfs506M0 506M0%/dev/shm
　　/dev/sda3 99M5.6M89M6%/mnt/mydisk

2.3.3　文件系统的自动挂载

　　手工挂载的文件系统，当关机或系统重启时需要重新挂载。如果这个文件系统或设备经常使用，手工挂载将很不方便，这时可能就需要自动挂载。
　　控制设备自动挂载的配置文件是/etc/fstab，能够自动挂载的设备或文件系统都必须在此文件中定义。/etc/fstab 的结构为：
　　<filesystem> <mount point> <fstype> <options> <dump> <pass>
　　每个域之间用空格或者 Tab 键隔开，每个域的含义可如表 2-6 所示。

表 2-6　/etc/fstab 文件的每个域的说明

域	说明
filesystem	要挂载的文件系统设备
mount point	安装位置
fstype	文件系统类型
options	安装选项，可同时使用多个选项，选项间用逗号分隔，不同的文件系统有不同的选项

续表

域	说明
dump	使用 dump 命令备份文件系统的频率,为 0 时表示不备份
pass	开机时系统自动检查文件系统的顺序。0 表示不检查,其他的按照顺序检查,1 通常表示为挂载到根文件系统,2 表示其他

示例 4:编辑/etc/fstab,实现将磁盘 sda3 自动挂载到/mnt/mydisk 目录下。

步骤 1:用 vi/etc/fstab 命令打开配置文件。

步骤 2:将光标移动到文件尾,按下键盘上的 I 键,进入插入模式。

步骤 3:在最后一行添加如下配置:

```
/dev/sda3       /mnt/mydisk     ext3     defaults     0     0
```

表示将磁盘 sda3 自动挂载到/mnt/mydisk 下,文件类型为 ext3,权限为默认权限(可读/写),不备份,启动时不检查。

```
LABEL = /                        /              ext3     defaults          1 1
tmpfs                            /dev/shm       tmpfs    defaults          0 0
devpts                           /dev/pts       devpts   gid = 5,mode = 620 0 0
sysfs                            /sys           sysfs    defaults          0 0
proc                             /proc          proc     defaults          0 0
LABEL = SWAP - sda2              swap           swap     defaults          0 0
/dev/sda3                        /mnt/mydisk    ext3     defaults          0 0
```

步骤 4:按键盘上的 ESC 键,输入 wq,存盘退出 vi 编辑器。

重启动系统后可以发现系统已经自动挂载了 sda3 文件系统。读者可自行验证。

2.4 Linux 磁盘配额

【任务描述】

Linux 系统管理员需要对不同用户在文件和磁盘容量上加以限制,使得有效利用磁盘有限的容量。

【任务目标】

掌握磁盘配额的操作方法,更加有效地利用磁盘空间。

2.4.1 磁盘配额简介

磁盘配额允许用户在两种磁盘管理方式下定义磁盘限制:一种是基于文件节点的磁盘管理方式,在该方式下,它可以限制一个用户或一组用户拥有的最多文件节点数,换句话说,就是限制一个用户或一组用户可以拥有的最多文件数目(这里不包括符号链接文件);另一种方式是基于磁盘存储块的磁盘管理方式,在此方式下,限制允许分配给一个用户或一组用户的最多磁盘存储块数,其实也就是限制一个用户或一组用户可以使用的最大磁盘空间。

Linux 中的磁盘配额按是否有一定的超越权限又分为软限制(可以超越)和硬限制(禁止超越)两种。软限制超过期限后,自动变为硬限制。使用磁盘配额后,用户将不再拥有对一个系统磁盘空间的无限使用权力和创建无限多文件的权力,它们最多只能使用系统管理员为其限制的磁盘空间和创建系统管理员为其限制的一定数目的文件。

磁盘配额是在每个用户、每个文件系统的基础上处理的。如果用户在不止一个文件系统下创建文件，则必须在不同的文件系统中为该用户设置磁盘配额，限制该用户在不同文件系统下的使用权限。

2.4.2 配置磁盘配额的步骤

要实现磁盘配额的配置，可以按照以下步骤：

1. 修改/etc/fstab 文件，启用每个文件系统的配额

在/etc/fstab 中给需要配额的文件系统添加 usrquota 或 grpquota 选项，分别表示启用用户或组群配额。

2. 重新挂载文件系统

重新启动系统或者使用命令 mount 加上 -o 的参数重新挂载文件系统。

3. 创建配额文件，重新生成磁盘用量表

使用命令 quotacheck 检查启用了配额的文件系统，并为每个文件系统建立一个当前磁盘用量的表。

4. 分配配额

用 vi 编辑器修改配额文件，完成配额设置。

2.4.3 磁盘配额示例

需求：创建一个文件系统为 ext3 格式、大小为 50MB 的磁盘分区 sda5，并挂载到/home 下，为用户 user1 在/home 文件系统中进行磁盘配额配置，磁盘配额的大小为软配额 3MB、硬配额 5MB。

步骤 1：首先创建逻辑磁盘分区 sda5，大小为 50MB，并格式化为 ext3，实现挂载到/home 目录下。由于这一步骤已经在前面的任务中完成过，所以这里就不详细说明了。

步骤 2：修改/etc/fstab 文件，添加自动挂载和配额项。如下所示，最后一行是新添加的内容。

```
LABEL=//ext3defaults11
tmpfs/dev/shmtmpfsdefaults00
devpts/dev/ptsdevptsgid=5,mode=62000
sysfs/syssysfsdefaults00
proc/procprocdefaults00
LABEL=SWAP-sda2  swapswapdefaults00
/dev/sda3/mnt/mydisk ext3defaults00
/dev/sda5/homeext3defaults,usrquota00
```

步骤 3：重新挂载文件系统。可以使用命令 mount -o remount/home 完成。可用 mount 命令验证挂载是否成功。如下所示，sda5 已经挂载成功。

```
[root@localhost ~]# mount
```

```
/dev/sda1 on/ type ext3(rw)
proc on/proc type proc(rw)
sysfs on/sys type sysfs(rw)
devpts on/dev/pts type devpts(rw,gid=5,mode=620)
tmpfs on/dev/shm type tmpfs(rw)
/dev/sda3 on/mnt/mydisk type ext3(rw)
/dev/sda5 on/home type ext3(rw,usrquota)
```

步骤4：使用命令 quotacheck – c/home 创建磁盘配额文件。使用 ls – l/home 命令可以查看创建的配额文件是否成功，如下所示。

```
[root@localhost ~]# quotacheck -c/home
[root@localhost ~]# ls -l/home/
总计 18
-rw-------1 root root6144 04-13 04:56 aquota.user
drwx------2 root root12288 04-13 04:41 lost+found
```

步骤5：创建用户 user1（可用命令 useradd 完成）并设置用户口令。用 user1 的身份登录系统，并在家目录下创建一个 6MB 的文件（用命令 dd 完成），将显示如下结果。

```
[user1@localhost ~]$ dd if=/dev/zero of=test bs=1M count=6
6+0 records in
6+0 records out
6291456 bytes(6.3 MB)copied,0.0607538 seconds,104 MB/s
```

测试结果说明，没有磁盘配额前，用户可以创建大小超过 5MB 的文件 test。

步骤6：使用 root 用户的身份，输入命令 edquota user1，进入 user1 的磁盘配额文件。修改配额文件，在块的部分设置 soft 为 3072（3MB），hard 部分为 5120（5MB），如下所示。

```
Disk quotas for user user1(uid 501):
Filesystem blocks soft hard inodes soft hard
/dev/sda5 030 72 5120 0 0 0
```

完成后保存退出。

步骤7：执行命令 quotaon/home，启用磁盘配额。

步骤8：重新使用 user1 的身份进入家目录后，测试创建文件的情况（必要时先将家目录中的内容删除）。

测试1：

建立一个 3MB 大小的文件 test1，输入 dd if=/dev/zero of=test1 bs=1M count=3，成功建立，但提示超出限制。使用 quota 命令可以查看磁盘配额信息，如下所示。

```
[user1@localhost ~]$ dd if=/dev/zero of=test1 bs=1M count=3
sda5:warning,user block quota exceeded.
3+0 records in
3+0 records out
3145728 bytes(3.1 MB)copied,0.0322059 seconds,97.7 MB/s
[user1@localhost ~]$ quota
Disk quotas for user user1(uid 501):
Filesystem blocks quota limit grace files quota limit
/dev/sda5 3085* 3072 5120 6days 10 0 0
```

测试2：

再接着建立一个 3MB 大小的文件 test2，系统提示"超出磁盘限额"，只建立了一个 2MB 的文件，说明硬限制不能超越，如下所示。

```
[user1@localhost ~]$ dd if=/dev/zero of=test2 bs=1M count=3
sda5:write failed,user block limit reached.
sda5:write failed,user block limit reached.
dd:写入"test2":超出磁盘限额
2+0 records in
1+0 records out
2072576 bytes(2.1 MB)copied,0.0254191 seconds,81.5 MB/s
[user1@localhost ~]$ ls -lh
总计 12MB
-rw-rw-r--1 user1 user1 6.0M 04-13 05:08 test
-rw-rw-r--1 user1 user1 3.0M 04-13 05:17 test1
-rw-rw-r--1 user1 user1 2.0M 04-13 05:23 test2
```

2.5 小结

本项目主要讨论了 Linux 系统的设备管理和文件系统。

设备管理主要包括设备的安装、配置和使用，重点介绍了常用设备和打印机的安装方法。

文件系统主要包括文件系统的类型、系统目录和文件系统的结构，重点介绍了硬盘分区、格式化文件系统以及文件系统的使用，最后介绍了磁盘的配额使用。

2.6 习题

1. /dev 目录的作用是什么？请列出一些常用的设备及其设备名。
2. 交换分区的作用是什么？
3. 空设备/dev/null 和 0 字符设备/dev/zero 有什么作用？如何使用？
4. Linux 系统有几种文件类型？它们分别是什么？
5. 设 Linux 系统与某 Windows 系统共享硬盘，并且 Windows 系统使用的是 FAT 格式文件系统，C 盘位于第二个物理分区，试以 Windows C 盘为例说明 Linux 中的文件系统的使用。
6. 如何把一个用户的配额限制复制给其他的用户？

项目三　Linux 系统配置与维护

│学习目标│

（1）了解 X Window 的基本概念；

（2）了解 X Window 的配置文件，掌握使用图形界面配置鼠标、键盘、显卡和显示器等设备的方法；

（3）掌握将 Linux 主机接入 Internet 的方法；

（4）掌握更新主机软件包、安装应用软件包的方法。

3.1　Linux 系统配置管理简介

Linux 系统提供了图形化的配置工具，从而大大降低了系统配置与维护的难度。在 Red Hat Enterprise Linux 5 图形界面下，用户可以轻松地完成各种系统配置任务，如 X Window 配置、Internet 配置和添加/删除软件包等。

3.2　X Window 配置

【任务描述】

使用 X Window 配置鼠标、键盘、显卡和显示器等设备。

【任务目标】

了解 Red Hat Enterprise Linux 5 中 X Window 的配置文件。

3.2.1　X Window 简介

X Window 出现的年代早于 MS–Windows，MIT 联合 DEC（Digital Equipment Corporation）在进行的雅典娜（Athena）计划中开发了 X Window。现阶段，X 协会（X Consortium）负责商业版本的开发与维护，其主页是 http://wiki.x.org。免费的版本则由 Xfree86 掌管。

X Window 的工作方式跟 Microsoft Windows 有着本质的区别。Microsoft Windows 的图形

用户界面（GUI）是跟系统紧密相联的。而在 X Window 中则不是这样的，图形用户界面实际上是在系统核心上运行的一个应用程序。

X Window 的运行是基于客户端/服务器（Client/Server）的模式，服务器用于显示客户的应用程序，又被称为显示服务器（Display Server）。显示服务器位于硬件和客户端之间，它跟踪所有来自输入设备（如键盘、鼠标）的输入动作，经过处理后将其送回客户端。客户端的输入和输出系统与 X 服务器之间的通信都遵守 X 协议。

Xfree86 的配置方式有多种，在安装 Linux 系统时就可对其进行配置。当然，Linux 系统安装结束后仍然可以配置 Xfree86。一种方法是通过图形化配置工具进行配置，这在项目二中已经使用过了；另一种方法是通过直接修改 Xfree86 的配置文件完成。

3.2.2 X Window 的配置文件

Xfree86 利用/etc/X11/xorg.conf 文件来实现 X 的初始设置。使用文本编辑器打开这个文件后，可以看见类似如下的内容：

```
# Xorg configuration created by pyxf86config
Section"ServerLayout"
Identifier"Default Layout"
Screen0"Screen0" 0 0
InputDevice"Keyboard0""CoreKeyboard"
EndSection
Section"InputDevice"
Identifier"Keyboard0"
Driver"kbd"
Option"XkbModel""pc105"
Option"XkbLayout""us"
EndSection
Section"Device"
Identifier"Videocard0"
Driver"vmware"
EndSection
Section"Screen"
Identifier"Screen0"
Device"Videocard0"
DefaultDepth 24
SubSection"Display"
Viewport0 0
Depth24
EndSubSection
EndSection
```

下面对这个文件各个区段作些说明。

1. ServerLayout

这个区段使用用户能够指定屏幕的布局，选择输入的设备。

2. InputDevice

该区段提供像键盘、鼠标一类的输入设备。

3. Device

该区段用来指定显卡的类型。

4. Screen

该区段标识显示器的名称。

用户可以对/etc/X11/xorg.conf 这个文件进行修改，以完成对 X 服务器的设置。对于初学者来说，修改这个配置文件比较困难，因此建议使用下面的图形配置。

3.2.3　X Window 的图形配置

通过选择"系统"|"首先项"，在里面可以找到设置鼠标、键盘和显示器等设备的菜单，单击即可进入，如图 3-1 所示。其设置和 Windows 操作系统类似，在这里就不详细介绍了。

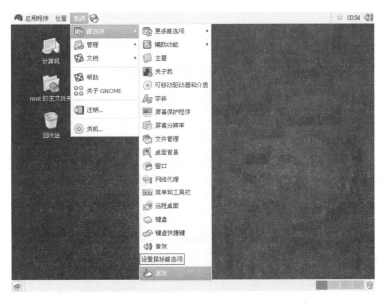

▲图 3-1　使用图形界面配置 X Window 示意图

3.3　软件包管理

【任务描述】

添加/删除软件是我们日常工作中经常遇到的问题，在 Red Hat Enterprise Linux 5 系统中可以通过图形或命令行界面实现对软件包的管理。

【任务目标】

掌握 Linux 系统中添加/删除软件的方法。

3.3.1　图形下的软件包管理

通过"应用程序"|"添加/删除软件",系统将打开"软件包管理者"对话框,如图 3-2 所示。

图 3-2　"软件包管理者"对话框

系统默认打开"列表"选项卡,在"列表"选项卡中,系统列出"所有软件包""已安装的软件包"和"可用的软件包"。

如果软件包过多不容易找到所要的软件包,可单击"软件包管理者"对话框中的"搜索"选项卡,打开"搜索"选项卡。在该选项卡中,用户可把所要搜索的软件包输入到"搜索"文本框内,然后单击"搜索"按钮,系统将很快找到所要的软件包,并显示在下面。如图 3-3 所示。

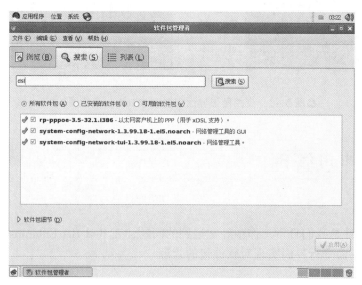

图 3-3　搜索软件包示意图

如果要删除现有的软件包，先去除该软件包前面的"√"号，单击"应用"按钮，系统将询问是否删除，单击"继续"按钮删除。如图 3-4 所示。

▲图 3-4 删除软件包示意图

3.3.2 命令方式

在 Red Hat Enterprise Linux 5 系统中，软件包格式是 RPM（Red Hat Package Manager）。RPM 是一个开放的软件包管理系统。RPM 的发布是基于 GPL 的，它最初用于 Red Hat Linux 系统的软件包管理。Red Hat 公司鼓励其他公司了解和使用 RPM，它后来成了 Linux 系统通用的软件包管理标准。

RPM 由 RPM 社区负责维护，用户可以从其官方网站 http://www.rpm.org 获取它。

1. RPM 包的包名格式

通用格式：pkgname - version. type. rpm。

以 DHCP 包 dhcp - 3.0pl1 - 23. i386. rpm 为例，说明如下：

pkgname:软件包名,dhcp;
version:版本号,3.0pl1 - 23;
type:类型,i386,在 Intelx86 平台上使用;
src:源代码包;
rpm:RPM 包。

2. 字符方式下 RPM 命令的使用

RPM 的常用参数有：

```
rpm { -i | --install}[options] packages
rpm { -e | --erase}[options] packages
rpm { -U | --upgrade}[options] packages
rpm { -F | --fresh}[options] packages
rpm { -q | --query}[options]
rpm { -V | --verify}[options]
```

参数中 i、F 和 U 是功能参数，分别用于安装、重新安装和升级；e、q 和 V 分别用于软件包的删除、查询和验证；v、h 是修饰参数，显示安装过程信息并在安装过程中显示一个进度条。对于每种功能还有一些相关的参数，读者可以通过 man 手册查询 RPM 命令的使用。

示例 1：安装 QQ 的 RPM 包。

步骤 1：首先从腾讯 QQ 的官方网站下载最新的 Linux 版的 QQ 软件包。

步骤 2：打开终端，执行命令：

rpm – ivh linuxqq – v1.0.2 – beta1.i386.rpm，将完成对 QQ 的安装。如图 3 – 5 所示。

▲图 3 – 5　使用命令成功安装软件包

步骤 3：安装成功后，可以在"应用程序"|"Internet"找到"腾讯 QQ"，单击即可启动。如图 3 – 6 所示。

▲图 3 – 6　启动软件示意图

3. 其他软件包的安装

1）安装程序 xxx.bin

商业软件有不少是以这种方式打包发行的，相当于 Windows 下的 setup.exe，可以直接执行安装程序（必要时添加可执行权限）。

2）xxx.tar.gz、xxx.bz2、xxx.zip 软件包

步骤1：这些软件包都是压缩方式的软件包，需要先解压。解压的命令是：

tarxzvfxxx.tar.gz#针对 xxx.tar.gz 压缩包

tarxjvfxxx.bz2#针对 xxx.bz2 压缩包

unzipxxx.zip#针对 xxx.zip 压缩包

步骤2：查看安装包内的说明文件，类似于 readme.txt、install.txt、xxx.htm 等。这些文件会详细说明如何安装这个软件包。

步骤3：根据说明文件，安装软件包。

注意，这一类软件包安装比较麻烦，有时候需要进行编译、连接，因此编译器和库文件是必须有的。如果在安装过程中出现错误，要根据屏幕提示去查找系统编译中缺少的文件，只有找到系统所需要的文件，安装才能成功。

3.4 小 结

本项目主要讨论了 Linux 的系统配置，包括 X Window 配置、Internet 配置及添加/删除软件包等。这些知识为读者进一步学习 Linux 打下了良好的基础。

3.5 习 题

1. 查看 X Window 系统配置文件。
2. 下载 Realplay 的 RPM 软件包并进行安装。
3. 下载一个 rarlinux 软件包并安装。

项目四 Shell 编程

│学习目标│
(1) 掌握 Shell 变量、Shell 命令；
(2) 熟悉 Shell 程序调试；
(3) 掌握 Shell 编程。

4.1 Shell 概述

Shell 是一个命令解释器，位于内核和用户之间。Shell 是用户与操作系统会话的接口。Linux 系统支持的 Shell 有/bin/sh、/bin/bash、/bin/csh、/bin/tcsh、/bin/ksh 和/sbin/nologin。默认的 Shell 是/bin/bash，用户可以通过 echo $SHELL 命令查看系统默认的 Shell。

```
[root@server1 ~]# cat /etc/shells
/bin/sh
/bin/bash
/sbin/nologin
/bin/tcsh
/bin/csh
/bin/ksh
[root@server1 ~]# echo $SHELL
/bin/bash
```

4.2 如何编写一个 Shell 脚本

1. 编写 Shell 脚本

```
[root@server1 ~]# cat 1.sh
#!/bin/bash
#描述:这是一个测试脚本
#作者:han.xiaolian
```

#邮箱:love2jake@gmail.com
#时间:2010-09-24
echo's'
date

2. 添加执行权限

[root@server1 ~]# chmod +x 1.sh
[root@server1 ~]# ll 1.sh
-rwxr-xr-x 1 root root 92 Sep 23 23:22 1.sh

3. 执行脚本

1）方法 1

[root@server1 ~]# sh 1.sh
1.sh anaconda-ks.cfg install.log.syslog
Thu Sep 23 23:22:45 PDT 2010

2）方法 2

[root@server1 ~]# bash 1.sh
1.sh anaconda-ks.cfg install.log.syslog
Thu Sep 23 23:23:10 PDT 2010

3）方法 3

[root@server1 ~]# csh 1.sh
1.sh anaconda-ks.cfg install.log.syslog
Thu Sep 23 23:23:17 PDT 2010

4）方法 4

[root@server1 ~]# source 1.sh
1.sh anaconda-ks.cfg install.log.syslog
Thu Sep 23 23:23:24 PDT 2010

5）方法 5

[root@server1 ~]#/1.sh
1.sh anaconda-ks.cfg install.log.syslog
Thu Sep 23 23:23:06 PDT 2010

6）方法 6

[root@server1 ~]# ./root/1.sh
1.sh anaconda-ks.cfg install.log.syslog
Thu Sep 23 23:23:27 PDT 2010

4.3 Shell 的功能及特点

4.3.1 自动补全功能

输入某个命令或参数时，可通过 Tab 键自动补全，或连续按两次 Tab 键列出有效命令或参数。如下所示。

[root@server1 ~]# ls   //连续按两次 tab 键将显示以下内容

```
lslshallspcilss16toppm
lsattrlsmodlspcmcia lsusb
lsb_releaselsof lspgpot
[root@server1 ~]# ls /var/www/            //连续按两次 Tab 键将显示以下内容
cgi-bindataerrorhtmliconsmanual
```

4.3.2 重定向

1）重定向的类型

输出重定向（＞＞＞）表示覆盖、追加；

输入重定向（＜＜＜）；

正确重定向（＞1＞）；

错误重定向（2＞）；

错误和正确重定向（2＞&1）。

2）实例1：重定向

```
[root@server1 ~]# ls > ls.txt             //将 ls 命令输出的结果重定向到 ls.txt 文件中
[root@server1 ~]# cat ls.txt              //显示 ls.txt 文件的内容
1.sh
anaconda-ks.cfg
install.log.syslog
ls.txt
[root@server1 ~]# date >> ls.txt          //将 date 命令的结果,追加到 ls.txt 文件中
[root@server1 ~]# cat ls.txt              //显示 ls.txt 文件的内容
1.sh
anaconda-ks.cfg
install.log.syslog
ls.txt
Thu Sep 23 23:35:15 PDT 2010
[root@server1 ~]# ls > /dev/pts/1         //将 ls 命令的结果重定向到/dev/pts/1 终端上,需要/dev/pts/1 终
                                            端存在,可以采用 tty 命令查看当前终端的设备名称
[root@server1 ~]# ls > /dev/lp0           //将 ls 命令的结果重定向到/dev/lp0 打印机上
[root@server1 ~]# cat < 1.sh              //将 1.sh 文件的内容输入重定向到 cat 命令,并显示
#!/bin/bash
#描述:这是一个测试脚本
#作者:han.xiaolian
#邮箱:love2jake@gmail.com
#时间:2010-09-24
echo 'ls'
date
[root@server1 ~]# ls 2 > error.txt        //将 ls 命令的错误信息重定向到 error.txt 文件中
1.shanaconda-ks.cfgerror.txtinstall.log.syslogls.txt
[root@server1 ~]# cat error.txt           //查看 error.txt 文件为空,因为 ls 命令没有错误信息
[root@server1 ~]# pwdasd 2 > error.txt    //将 pwdasd 命令的错误信息重定向到 error.txt 文件中
[root@server1 ~]# cat error.txt           //查看 error.txt 文件,发现有错误信息
-bash:pwdasd:command not found
[root@server1 ~]# ls > error.txt 2 >&1 > ok.txt
```

```
                                    //将 ls 命令的错误信息重定向到 error.txt 文件中,将正确信息
                                      重定向到 ok.txt 文件中
[root@server1 ~]# cat error.txt     //显示 error.txt 文件为空
[root@server1 ~]# cat ok.txt        //显示 ok.txt 文件,发现是 ls 命令的结果信息
1.sh
anaconda-ks.cfg
error.txt
install.log.syslog
ls.txt
ok.txt
[root@server1 ~]# lsasdf > error.txt 2>&1 > ok.txt
                                    //将 ls 命令的错误信息重定向到 error.txt 文件中,将正确信息
                                      重定向到 ok.txt 文件中
[root@server1 ~]# cat error.txt     //显示 error.txt 文件为 lsasdf 命令的错误信息
-bash:lsasdf:command not found
[root@server1 ~]# cat ok.txt        //显示 ok.txt 文件为空,没有正确信息
[root@server1 ~]# lsd > kk.txt 2>&1 //当后面重定向文件省略时,前面的重定向文件则表示双重意思,
                                      即表示正确和错误重定向文件
[root@server1 ~]# cat kk.txt        //结果显示 lsd 命令的错误信息
-bash:lsd:command not found
[root@server1 ~]# ls > kk.txt 2>&1
[root@server1 ~]# cat kk.txt        //显示 ls 命令的正确信息
1.sh
anaconda-ks.cfg
error.txt
install.log.syslog
kk.txt
ls.txt
ok.txt
```

4.3.3 管道

管道,即是将前一个命令的输出作为后一个命令的输入。

```
[root@server1 ~]# ls-l |grep'^d'    //显示当前目录下以 d 开头的文件,即显示当前目录下的目录文件
drwxr-xr-x 2 root root 4096 Sep 23 23:50 dir1
drwxr-xr-x 2 root root 4096 Sep 23 23:50 dir2
[root@server1 ~]# ls-l>1.txt        //以上命令可转换成以下两条命令
                                    //先将 ls-l 结果重定向到 1.txt 文件中
[root@server1 ~]# grep ^d 1.txt     //再将 1.txt 文件中以 d 开头的行过滤出来
drwxr-xr-x 2 root root 4096 Sep 23 23:50 dir1
drwxr-xr-x 2 root root 4096 Sep 23 23:50 dir2
```

4.3.4 快捷键

Ctrl + C——中断、退出。

Ctrl + Z——调到后台执行、暂停。

Ctrl + A——将光标移到命令行首。

Ctrl + U——删除当前命令。

Ctrl + W——删除当前命令的一个参数、选项。

Ctrl + L——清屏。

4.4 Shell 的变量

4.4.1 系统环境变量

可以通过 set 命令或 env 命令查看,也可以通过 unset 命令将环境变量的值清除,使用 echo $SHELL 命令显示环境变量的值。如下所示。

```
[root@server1 ~]# PS1=ABCD        //更改提示符为 ABCD
ABCD
ABCDPS1='[\u@\h\W]\$'             //返回到原提示符
[root@server1 ~]# echo $LANG      //显示语言变量值
en_US.UTF-8
[root@server1 ~]# unset LANG      //清除 LANG 变量值
[root@server1 ~]# echo $LANG      //显示不出 LANG 变量,发现 LANG 值已被清除
常用的环境变量:
HISTFILE=/root/.bash_history      //历史记录文件
HISTFILESIZE=1000                 //历史记录文件大小
HISTSIZE=1000                     //历史记录大小
HOME=/root                        //当前用户的家目录
HOSTNAME=server1                  //主机名
LOGNAME=root                      //登录名
MAILCHECK=60                      //邮件检查的时间
PS1='[\u@\h\W]\$'                 //提示符
SHELL=/bin/bash                   //当前 Shell 类型
USER=root                         //当前用户的名称
```

4.4.2 预定义变量

预定义变量是任何用户均不能修改的,其值是系统自动赋予的,用户只能调用或查看。常用的预定义变量如下。

```
$0 //程序的名称,脚本的名称
$1 //第 1 个参数
$2....$n //第 2 个参数……第 n 个参数
$* //参数的汇总
$# //参数的个数
$? //上一个命令是否执行正确的结果,其中 0 表示正确,非 0 表示错误
$$ //当前脚本或程序的 PID 号
```

示例 1:预定义变量

1)编辑 1.sh 脚本,添加以下内容

```
#!/bin/bash
echo var1=$1
```

```
echo var2 = $2
echo var3 = $3
echo var4 = $4
echo shell_name = $0
echo var_num = $#
echo var_total = $*
echo shell_pid = $$
```

2）添加执行权限

```
[root@server1 ~]# chmod +x 1.sh
```

3）执行 1.sh 脚本

```
[root@server1 ~]# sh 1.sh a b c d e f g
var1 = a
var2 = b
var3 = c
var4 = d
shell_name = 1.sh
var_num = 7
var_total = a b c d e f g
shell_pid = 3294
```

4.4.3　自定义变量

自定义变量，是由用户根据脚本的需要自行定义的环境变量。自定义变量又分为全局自定义变量和局部自定义变量。其中局部自定义变量不能跨 Shell，全局自定义变量可以跨 Shell，但不能跨终端。如下所示。

```
[root@server1 ~]# var=test
[root@server1 ~]# echo $var
test
[root@server1 ~]# bash
[root@server1 ~]# echo $var

[root@server1 ~]# exit
exit
[root@server1 ~]# export var1=hello
[root@server1 ~]# echo $var1
hello
[root@server1 ~]# bash
[root@server1 ~]# echo $var1
hello
```

4.5　Shell 的引号类型

1. 引号概述

双引号：在双引号下的变量会执行；

单引号：在单引号下的变量不会执行；

后引号：针对命令，在后引号下的命令会执行；

反斜杠：禁用特殊字符，将特殊字符当作普通字符使用。

2. 示例2：引号类型

1）编写2.sh脚本，添加以下内容

```
#!/bin/bash
var=hello
echo "var is $var"
echo 'var is $var'
echo "var is \$var"
var1=`date`
echo "$var1"
echo '$var1'
```

2）添加执行权限

[root@server1 ~]# chmod +x 2.sh

3）执行2.sh脚本

```
[root@server1 ~]# sh 2.sh
var is hello
var is $var
var is $var
date
Fri Sep 24 00:22:16 PDT 2010
```

4.6 综合实例

4.6.1 实例1：进程管理

查看有哪些用户连接到本机，并中断非法用户的连接。

```
[root@mail ~]# w                    //显示有哪些用户连接到本地服务器
 21:36:26 up 59 min,3 users,load average:0.00,0.02,0.06
USER    TTY    FROM    LOGIN@    IDLE JCPU    PCPU WHAT
root    :0     -       20:43     ?xdm?  2:24  0.92s /usr/bin/gnome-sess
root pts/0 :0.0 20:44 51:47 0.19s 0.19s bash
root pts/1 192.168.1.102 20:44 0.00s 2.07s 0.03s w
[root@mail ~]# ps -ef |grep pts/0   //假如pts/0是非法用户,查看pts/0终端的进程PID号
root 3816 3812 0 20:44 pts/0 00:00:00 bash
root 5533 3840 0 21:36 pts/1 00:00:00 grep pts/0
[root@mail ~]# kill -9 3816         //中断pts/0终端的PID号
[root@mail ~]# w                    //再次查看,发现已将非法用户踢出系统
 21:36:48 up 1:00,2 users,load average:0.00,0.01,0.06
USER TTY FROM LOGIN@ IDLE JCPU PCPU WHAT
root :0 - 20:43 ? xdm? 2:24 0.92s /usr/bin/gnome-sess
```

```
root    pts/1   192.168.1.102  20:44   0.00s   2.09s   0.02s  w
[root@mail ~]# passwd root        //更改管理员密码,防止非法用户再次登录;除此之外还需要检查相关
                                    的安全日志,了解黑客入侵的手法
```

4.6.2 实例2:vim 编辑器

要求:通过 Shell 脚本,重启安装 Linux 系统已经安装的软件包,安装时,要求采用覆盖和强制的方式进行安装。具体可以在/root/install.log 文件中进行修改。修改完成的结果如下所示。

```
#!/bin/bash
if[!-d/media/cdrom];then
mkdir/media/cdrom
fi
mount/dev/cdrom/media/cdrom
rpm-ivh 软件包1.rpm --force --nodeps
rpm-ivh 软件包2.rpm --force --nodeps
```

以下相似,省略。

任务操作步骤:

步骤1:复制/root/install.log 文件到/opt 目录下,并改名为 install.sh。

`[root@server1 ~]# cp/root/install.log/opt/install.sh`

步骤2:修改/opt/install.sh 文件。

(1)删除多余行,将光标移到第1行,输入2dd,即删除第1~2行的内容。install.sh 文件内容如下所示。

```
安装 hwdata-0.146.22.EL-1.noarch.
安装 libgcc-3.4.6-3.i386.
安装 mailcap-2.1.17-1.noarch.
安装 maildrop-man-2.0.1-1hzq.i386.
安装 man-pages-1.67-9.EL4.noarch.
安装 redhat-logos-1.1.26-1.centos4.4.noarch.
安装 rmt-0.4b39-3.EL4.2.i386.
安装 rootfiles-8-1.noarch.
安装 setup-2.5.37-1.3.noarch.
安装 dump-0.4b39-3.EL4.2.i386.
安装 filesystem-2.3.0-1.i386.
安装 basesystem-8.0-4.noarch.
安装 specspo-9.0.92-1.3.noarch.
:%s#安装 #rpm-ivh/media/cdrom/RedHat/RPMS/#g
```

(2)将"安装"替换成"rpm-ivh/media/cdrom/RedHat/RPMS/"内容。注意替换时,"安装"后有一个空格。

```
rpm-ivh/media/cdrom/RedHat/RPMS/vsftp-2.0.1-5.EL4.5.i386.
rpm-ivh/media/cdrom/RedHat/RPMS/which-2.16-4.i386.
rpm-ivh/media/cdrom/RedHat/RPMS/xinetd-2.3.13-4.4E.1.i386.
rpm-ivh/media/cdrom/RedHat/RPMS/cups-1.1.22-0.rc1.9.11.i386.
rpm-ivh/media/cdrom/RedHat/RPMS/redhat-lsb-3.0-8.EL.i386.
rpm-ivh/media/cdrom/RedHat/RPMS/ypbind-1.17.2-8.i386.
rpm-ivh/media/cdrom/RedHat/RPMS/yp-tools-2.8-7.i386.
```

```
rpm-ivh/media/cdrom/RedHat/RPMS/yum-2.4.3-1.c4.noarch.
:%s/$/rpm--force--nodeps/g
```

（3）在每行的末行添加"rpm--force--nodeps"字符。

```
rpm-ivh/media/cdrom/RedHat/RPMS/xinetd-2.3.13-4.4E.1.i386.rpm--force--nodeps
rpm-ivh/media/cdrom/RedHat/RPMS/cups-1.1.22-0.rc1.9.11.i386.rpm--force--nodeps
rpm-ivh/media/cdrom/RedHat/RPMS/redhat-lsb-3.0-8.EL.i386.rpm--force--nodeps
rpm-ivh/media/cdrom/RedHat/RPMS/ypbind-1.17.2-8.i386.rpm--force--nodeps
rpm-ivh/media/cdrom/RedHat/RPMS/yp-tools-2.8-7.i386.rpm--force--nodeps
rpm-ivh/media/cdrom/RedHat/RPMS/yum-2.4.3-1.c4.noarch.rpm--force--nodeps
```

（4）将光标定位到文件的第一行。

（5）按 Shift+o（O）组合键，输入以下内容。

```
#!/bin/bash
if[!-d/media/cdrom];then
mkdir/media/cdrom
fi
mount/dev/cdrom/media/cdrom
```

（6）按 Esc 键退出编辑模式，输入"：x"保存退出。

```
#!/bin/bash
if[!-d/media/cdrom];then
mkdir/media/cdrom
fi
mount/dev/cdrom/media/cdrom
rpm-ivh/media/cdrom/RedHat/RPMS/hwdata-0.146.22.EL-1.noarch.rpm--force--nodeps
rpm-ivh/media/cdrom/RedHat/RPMS/libgcc-3.4.6-3.i386.rpm--force--nodeps
rpm-ivh/media/cdrom/RedHat/RPMS/mailcap-2.1.17-1.noarch.rpm--force--nodeps
rpm-ivh/media/cdrom/RedHat/RPMS/maildrop-man-2.0.1-1hzq.i386.rpm--force--nodeps
:x
```

（7）添加执行权限，并执行/opt/install.sh 脚本。

```
[root@server1 ~]#chmod +x/opt/install.sh
[root@server1 ~]#ls-l/opt/install.sh
-rwxr-xr-x1 root root 22526 Sep 24 21:59/opt/install.sh
```

执行结果如下。

```
[root@emos ~]# sh/opt/install.sh
Preparing...###################################[100%]
1:hwdata ################################[100%]
Preparing...###################################[100%]
1:libgcc################################[100%]
Preparing...######################## ##########[100%]
1:mailcap ###############################[100%]
Preparing...###################################[100%]
1:maildrop-man##############################[100%]
```
省略。

4.7 小　结

　　随着 Linux 的发展，其图形用户界面也越来越完善，但是无法与 Linux 的 Shell 的强大功能相比拟，某些操作必须使用 Shell 才能很好地完成。本项目介绍了 Shell 的基本概念和常用的命令，举例说明了 Shell 的编程基础，也介绍了如何运行及调试 Shell 程序，最后还介绍了 Linux 系统下最常用的编辑器 vim 的使用。

4.8 习 题

1. Shell 的主要特点是什么？
2. 如何建立和运行一个 Shell 脚本？
3. 在 vim 中编辑模式和指令模式有什么不同？

项目五　用户、工作组及权限管理

| 学习目标 |
(1) 掌握 Linux 中用户的创建和管理；
(2) 掌握 Linux 中工作组的创建和管理；
(3) 掌握权限的分配管理。

5.1　用户管理

Linux 的用户可以分为三种：管理用户、服务用户和普通用户。每个用户需要有自己的账号才能进入系统进行操作，所以添加用户账号是最常见的用户管理操作。要达到这个目的有三种办法：一是直接通过图形界面管理用户和工作组；二是使用用户和工作组管理命令；三是修改相关配置文件（不建议）。

5.1.1　通过图形界面管理用户

(1) 选择"菜单栏"中的"System"|"Administration"|"Users and Groups"，如图 5-1 所示。

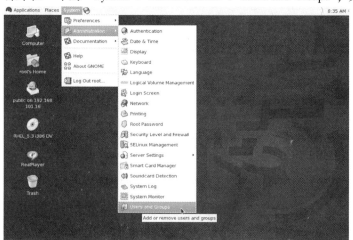

▲图 5-1　组管理菜单

（2）用户和工作组管理界面如图 5-2 所示，此图显示的是非系统账户。默认情况下，系统账户已隐藏。

（3）单击图 5-2 中工具栏的"Add User"按钮，弹出如下对话框，根据提示输入以下内容。单击"OK"按钮确定创建账户，如图 5-3 所示。

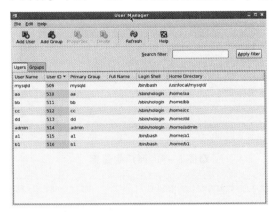

▲图 5-2　用户管理界面

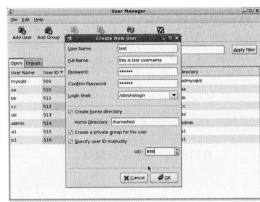

▲图 5-3　创建新用户

（4）双击刚刚创建的用户，对其属性进行修改。可以修改账户的用户名、全称、登录密码、工作目录和登录 Shell 等，如图 5-4 所示。

（5）单击"Account Info"标签栏，在此可以修改账户的失效时间，或者锁定此账户，如图 5-5 所示。

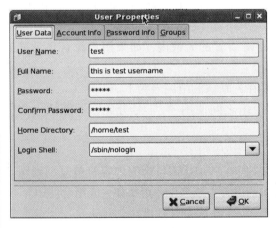

▲图 5-4　用户属性

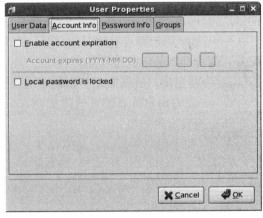

▲图 5-5　账户信息

（6）单击"Password Info"标签栏，可以修改密码的相关信息，如密码允许更改的天数、账户密码失效前提示天数、密码更改前警告时间和密码失效时间等，如图 5-6 所示。

（7）单击"Groups"标签栏，将用户添加至指定的工作组中。确定所有更改后，单击"OK"按钮确定生效，如图 5-7 所示。

5.1.2　通过命令方式管理用户

1）创建用户命令的参数

创建用户的命令参数较多，如果不指定则按默认值处理，其详细的参数如下：

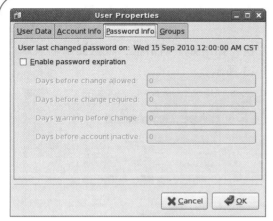

● 图5-6 账户密码属性

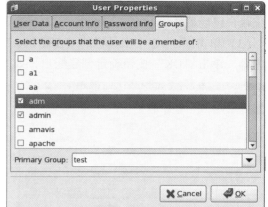

● 图5-7 账户组信息

useradd[-c comment][-d home_dir][-e expire_date][-f inactive_time][-g initial_group][-G group[...]][-m][-k skeleton_dir][-s shell][-u uid[-o]][-n][-r] loginname

使用上面的格式将会在/etc/passwd 中增加一条新记录，并且添加一个新用户。如果使用了-m 选项将建立一个新目录。在加入该用户以后，还需要使用 passwd 命令来设置口令，来使该用户有效。其他的参数如下所示。

-c comment——对被创建用户的说明。

-d home_dir——用户的起始目录。

-e expire_date——用户的过期时间，在此时间之前允许使用该账户，过期后自动作废。日期格式为 mm/dd/yy，即月/日/年。

-f——从该用户账号有效时间算起，在 inactive 设置的天数内，如果用户没有登录过该账号，那么此账号也就失效。

-g——指定用户所属的组。该组必须已经存在，默认的组编号为1。

-G——设置用户所属的其他附加组。每两个组之间使用","号分隔，不能插入空格。默认值为没有附加组。

-m——如果用户的起始目录不存在，就建立一个。

-k skeleton_dir——指定用户的缺省配置文件所在目录。该目录的内容将被复制到用户的起始目录中；如果不指定，则使用/etc/skel 中的设置。该选项一定要和-m 组合使用。

-M——不创建用户起始目录。

-n——建立一个和所建用户名同名的组。

-r——创建一个系统账号。就是说，该用户的 UID 比/etc/login.defs 文件中 UID-MIN 所定义的最小值还要小。useradd 不会为这种用户创建起始目录，而不管/etc/login.defs 中的默认值如何，用户必须使用-m 来指定创建新目录。

-s——指定用户使用的 Shell 名称。如果不指定将使用系统默认值。

-u——为用户分配用户标识。如果不使用-o 选项，则该值不得与其他现存 UID 重复，且值为非负。默认值比99大，且比任何已有用户的 UID 大。0~99 是为系统账号保留的。

2) 修改用户命令的参数

usermod[-c comment][-d home_dir][-e expire_date][-f inactive_time][-g initial_group][-G group[...]][-m][-k skeleton_dir][-s shell][-u uid[-o]][-n][-r]-l newname oldname

修改用户的命令与创建用户的命令相似，修改用户命令的参数与创建用户命令的参数表示的意思一样，其中不同的是 -l 参数。

-l——表示对用户账号改名。

3) 删除用户命令的参数

userdel[-r] username

-r——表示连同根目录和邮箱文件一并删除。

5.2　工作组管理

　　每个用户都属于特定的工作组，而工作组则是一些具有相同特性的用户的集合。Linux 是多用户操作系统，它根据各个用户所享有的文件权限的不同而分为不同的工作组。一个用户至少属于一个工作组，该组就是用户的基本组，但同时用户还可以属于其他的附加组。用户在系统中的某一时刻所属组为其当前组。

　　工作组的创建和修改与用户的管理相似，添加工作组也有两种不同途径：一是使用图形界面管理，与用户管理相似；二是使用命令管理。

5.2.1　通过图形界面管理工作组

　　(1) 单击用户和工作组管理界面工具栏的"Add Group"按钮，如图 5-8 所示，创建工作组，弹出创建新组对话框，如图 5-9 所示。

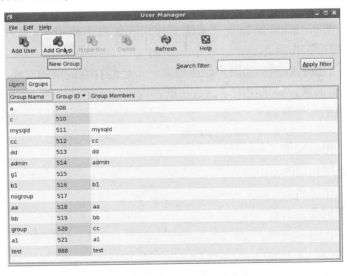

▲图 5-8　组管理界面

　　(2) 在创建新组对话框的"Group Name"文本框中输入工作组名称，在"GID"中输入用户喜欢的数字，此数字建议大于等于 500。输入完成后，单击"OK"按钮确认。如图 5-9 所示。

　　(3) 双击刚刚创建的工作组，弹出"Group Properties"对话框，在"Group Users"标签栏下，选择指定的用户，添加到此工作中。如图 5-10 所示。

▲图 5-9 创建新组

▲图 5-10 组用户

5.2.2 使用命令管理工作组

1）添加工作组的命令参数

`groupadd[-g gid[-o]][-r][-f] group`

-g gid——设定组标识。如果不使用-o选项，则组标识（GID）必须是唯一且非负的。默认值比500大且比其他任何现存组的组标识大。0~499是为系统用户保留的。

-o——此选项是和-g选项一起使用的。如果使用该选项，则允许使用相同的组标识（GID）。

-r——该选项使groupadd添加一个系统工作组。如果不使用-g选项则第一个小于499的GID将被分配给工作组。

-f——这是一个强制选项。当用户试图建立一个已经存在的组的时候，groupadd将会停止并返回一个错误信息，如果使用了该选项则不返回错误信息。

2）修改工作组的命令参数

`groupmod[-g gid[-o]][-n group_name][group]`

-g——设置工作组标识。

-o——允许使用相同的GID。

-n——修改工作组名。

3）删除工作组的命令参数

`groupdel group`

5.3 用户和工作组管理综合实例

5.3.1 实例1：用户和工作组管理

具体要求如下。

（1）添加一个用户admin，主目录为/root，UID号为0，GID号为0，全名为"administrator",Shell 为/bin/bash。

（2）把这个用户的 Shell 改为"csh"，并设置密码为"passwd"。

（3）创建一个用户 test，要求 test 用户只能通过 ftp、mail、http 等类似的服务下载文件，但不允许进行交互式管理服务器资源。

（4）创建一个组 work，把用户 admin 和用户 test 添加到该组中。

```
[root@mail mail]# useradd -s /bin/bash -d /root -c administrator -u 0 -o -g 0 admin    //创建用户 admin
useradd:warning:the home directory already exists.
Not copying any file from skel directory into it.
[root@mail mail]# cat /etc/passwd |grep -E 'admin|^root'
                                //显示 admin 用户的信息
root:x:0:0:root:/root:/bin/bash
admin:x:0:0:administrator:/root:/bin/bash
[root@mail mail]# usermod -s /bin/csh admin
                                //更改 admin 用户的 Shell
[root@mail mail]# cat /etc/passwd |grep -E 'admin|^root'
                                //显示 admin 用户的信息
root:x:0:0:root:/root:/bin/bash
admin:x:0:0:administrator:/root:/bin/csh
[root@mail mail]# passwd admin
                                //更改 admin 用户的密码
Changing password for user admin.
NewUNIX password:
BAD PASSWORD:it is too short
Retype newUNIX password:
passwd:all authentication tokens updated successfully.
[root@mail mail]# cat /etc/shadow |grep admin
                                //显示 admin 用户的加密密码
admin:$1$jfh94vOO$G.W9IG0VO964zrojA2cZt0:14867:0:99999:7:::
[root@mail mail]# useradd -s /sbin/nologin test
                                //创建 test 用户
[root@mail mail]# groupadd work
                                //创建 work 工作组
[root@mail mail]# gpasswd -a test work
                                //添加 test 用户到 work 工作组中
Adding user test to group work
[root@mail mail]# gpasswd -a admin work
                                //添加 admin 用户到 work 工作组中
Adding user admin to group work
[root@mail mail]# cat /etc/group |grep work
                                //显示 work 工作组情况
work:x:8082:test,admin
```

5.3.2 实例2：批处理创建和删除用户

通过 Shell 脚本，批处理创建 user1~user10 共 10 个用户，并设置用户的密码为"123456"，用户的 shell 为/sbin/nologin，同时也可以通过此 Shell 脚本快速删除 user1~user10 用户。具体的脚本如下。

1）编写/root/addusers.sh 脚本

脚本内容如下所示。

```
[root@mail ~]# cat addusers.sh
#!/bin/bash
for i in 'seq 1 10'    //此处的引号为后引号,在 Tab 键的上方,"1"键左边的那个顿号
do
case $1 in
add |ADD)
useradd -s /sbin/nologin -d /home/user$i -g users user$i
echo "123456" |passwd --stdin user$i
;;
del |DEL)
userdel -r user$i
echo "delete user$i"
;;
*)
echo "adduser:sh $0 add"
echo "deluser:sh $0 del"
break
;;
esac
done
```

2）添加执行权限

```
[root@mail ~]# chmod +x addusers.sh
[root@mail ~]# ll addusers.sh
-rwxr-xr-x 1 root root 279 Sep 14 21:05 addusers.sh
```

3）测试脚本

（1）直接执行脚本，无任何参数。

```
[root@mail ~]# sh addusers.sh
adduser:sh addusers.sh add
deluser:sh addusers.sh del
```

（2）批处理创建用户。

```
[root@mail ~]# sh addusers.sh add
Changing password for user user1.
passwd:all authentication tokens updated successfully.
Changing password for user user2.
passwd:all authentication tokens updated successfully.
Changing password for user user3.
passwd:all authentication tokens updated successfully.
Changing password for user user4.
passwd:all authentication tokens updated successfully.
Changing password for user user5.
passwd:all authentication tokens updated successfully.
Changing password for user user6.
passwd:all authentication tokens updated successfully.
```

```
Changing password for user user7.
passwd:all authentication tokens updated successfully.
Changing password for user user8.
passwd:all authentication tokens updated successfully.
Changing password for user user9.
passwd:all authentication tokens updated successfully.
Changing password for user user10.
passwd:all authentication tokens updated successfully.
[root@mail ~]# cat/etc/passwd |grep user
user1:x:515:100::/home/user1:/sbin/nologin
user2:x:516:100::/home/user2:/sbin/nologin
user3:x:517:100::/home/user3:/sbin/nologin
user4:x:518:100::/home/user4:/sbin/nologin
user5:x:519:100::/home/user5:/sbin/nologin
user6:x:520:100::/home/user6:/sbin/nologin
user7:x:521:100::/home/user7:/sbin/nologin
user8:x:522:100::/home/user8:/sbin/nologin
user9:x:523:100::/home/user9:/sbin/nologin
user10:x:524:100::/home/user10:/sbin/nologin
[root@mail ~]# cat/etc/group |grep user
users:x:100:
rpcuser:x:29:
[root@mail ~]#
```

（3）批处理删除用户。

```
[root@mail ~]# sh addusers.sh del
delete user1
delete user2
delete user3
delete user4
delete user5
delete user6
delete user7
delete user8
delete user9
delete user10
[root@mail ~]# cat/etc/passwd |grep user
```

5.4 权限控制

用户的权限控制位共分为三个栏目，分别为：用户权限栏目，占3位；工作组权限栏目，占3位；其他组权限栏目，占3位，共计9位。如下所示。

```
-rw-r--r--1 root root 4399 Mar 29 21:01 install.log.syslog
```

其中从左到右分别表示：

-——表示文件的类型，-表示普通文件，d表示目录文件，l表示符号链接文件，b表示块设备文件，c表示字符设备文件，s表示socket文件，p表示管道文件。

rw - ——表示用户权限栏目,共3位;其中r表示读位,w表示写位, - 表示执行位。其中 - 表示执行位的权限不存在。

r - - ——表示工作组权限栏目,共3位;表示方式与用户权限栏目相同,其中 - 表示相应的位权限不存在。此例中,表示写和执行位均不存在。

r - - ——表示其他用户的权限栏目,共3位;表示方式与用户权限栏目相同。

root——表示用户,即文件的属有者。

root——表示工作组,即文件的所属组。

4399——表示文件的大小,为4399个字节。

Mar 29 21:01——表示时间,文件的创建或修改时间。

install.log.syslog——表示文件名。

从权限的栏目看,如果将有权限的位用1表示,没有权限的位用0表示,则 rw - r - - r - - 权限用数字表现出来的值就是 110 100 100 的组合,转换成八进制为644O。即 install.log.syslog 文件的权限用八进制方式表现出来为644O。

5.4.1 实例3:权限位控制

```
[root@mail ~]# mkdir dirname          //创建 dirname 目录
[root@mail ~]# ll dirname - d         //显示 dirname 目录的详细信息
drwxr - xr - x 2 root root 4096 Sep 14 21:23 dirname
[root@mail ~]# chmod 777 dirname      //通过数字方式设置 dirname 目录的权限为完全权限(即所有用户都有
                                        读、写、执行的权限)
[root@mail ~]# ll dirname/ - d        //显示 dirname 目录权限更改情况
drwxrwxrwx 2 root root 4096 Sep 14 21:23 dirname/
[root@mail ~]# chmod u = rwx,g = rw,o = r dirname/
                                      //通过字符方式设置 dirname 目录的权限为用户具有读、写、执行的权
                                        限,工作组具有读、写的权限,其他用户具有只读的权限
[root@mail ~]# ll dirname/ - d        //显示 dirname 目录权限更改情况
drwxrw - r - - 2 root root 4096 Sep 14 21:23 dirname/
[root@mail ~]# chmod 764 dirname/     //通过数字方式设置 dirname 目录的权限为用户具有读、写、执行的权
                                        限,工作组具有读、写的权限,其他用户具有只读的权限
[root@mail ~]# ll dirname/ - d        //显示 dirname 目录权限更改情况
drwxrw - r - - 2 root root 4096 Sep 14 21:23 dirname/
[root@mail ~]# umask                  //显示 umask 值的情况
0022
[root@mail ~]# umask 033              //更改 umask 值为033
[root@mail ~]# umask                  //显示 umask 值的情况
0033
[root@mail ~]# mkdir testdir          //创建 testdir 目录
[root@mail ~]# ll testdir/ - d        //显示 testdir 目录的权限,发现 testdir 目录的默认权限从原来的755
                                        变成了744(777 - 033 的值),默认 umask 为022,即创建目录的权限为755(777 - 022 的值),创建文件的默认权限为644(666 - 022 的值)
drwxr - - r - - 2 root root 4096 Sep 14 21:24 testdir/
[root@mail ~]# mkdir a/b/c - p        //创建多级目录,在 a 目录下创建 b 目录,在 b 目录下创建 c 目录, - p
                                        表示当父目录不存在时,创建之
[root@mail ~]# ll a - R               //显示 a 目录下所有子目录的情况
```

```
a:
total 4
drwxr--r-- 3 root root 4096 Sep 14 21:31 b
a/b:
total 4
drwxr--r-- 2 root root 4096 Sep 14 21:31 c
a/b/c:
total 0
[root@mail ~]# chmod -R 777 a          //设置a目录及其子目录下所有文件的权限为777,-R表示连同子目
                                         录的权限一并更改
[root@mail ~]# ll a -R                 //显示a目录及子目录的情况,发现权限已全部更改
a:
total 4
drwxrwxrwx 3 root root 4096 Sep 14 21:31 b
a/b:
total 4
drwxrwxrwx 2 root root 4096 Sep 14 21:31 c
a/b/c:
total 0
[root@mail ~]# ll a -d                 //显示a目录的情况,发现权限也已更改
drwxrwxrwx 3 root root 4096 Sep 14 21:31 a
```

5.4.2 实例4:属有者和工作组控制

```
[root@mail ~]# chown root.bin a        //设置a目录的属有者为root,工作组为bin
[root@mail ~]# ll a -d                 //显示a目录的情况,发现工作组已更改
drwxrwxrwx 3 root bin 4096 Sep 14 21:31 a
[root@mail ~]# ll a/b -d               //显示b目录的情况,发现工作组没有变化
drwxrwxrwx 3 root root 4096 Sep 14 21:31 a/b
[root@mail ~]# ll a/b/c -d             //显示c目录的情况,发现工作组没有变化
drwxrwxrwx 2 root root 4096 Sep 14 21:31 a/b/c
[root@mail ~]# chown -R root.bin a     //设置a目录的属有者为root,工作组为bin,-R参数表示连同子目录
                                         一并更改
[root@mail ~]# ll a -R                 //显示a目录及其子目录的情况,发现工作组已全部更改为bin
a:
total 4
drwxrwxrwx 3 root bin 4096 Sep 14 21:31 b
a/b:
total 4
drwxrwxrwx 2 root bin 4096 Sep 14 21:31 c
a/b/c:
total 0
[root@mail ~]#umask 022                //更改umask值为默认值022
```

通过以上实例可知,用户的权限和属有者均可以通过命令进行更改。具有如此高级权限的只有UID为0的用户,如root用户。普通用户无权对其他用户控制的文件进行权限更改。其中-R参数表示对子目录下的所有文件和目录进行设置。

5.5 高级权限管理

文件的权限除了具有基本的读、写、执行权限外，还有一些高级权限，如 SUID、SGID 和 T 位权限。下面将对 SUID、SGID 和 T 位权限做简要介绍。

SUID 表示普通用户在执行具有 SUID 权限的文件时，是以属有者的身份（大部分为 root）在执行这个文件。例如 ping 命令，如下所示。

-rwsr-xr-x 1 root root 35864 Aug62008/bin/ping

表示普通用户在执行 ping 命令时是以 root 身份在执行。

5.5.1 实例5：SUID 权限控制

```
[root@mail ~]# ll/bin/ping           //显示 ping 命令的权限,从显示结果可知,ping 命令具有 SUID 权限
-rwsr-xr-x 1 root root 35864 Aug62008/bin/ping
[root@mail ~]# useradd a1             //创建用户 a1
[root@mail ~]# su-a1                  //切换到 a1 用户
[a1@mail ~]$ ping-c1 127.0.0.1        //执行 ping 命令,发现 ping 命令执行成功
PING 127.0.0.1(127.0.0.1)56(84)bytes of data.
64 bytes from 127.0.0.1:icmp_seq=1 ttl=64 time=0.561 ms
---127.0.0.1 ping statistics---
1 packets transmitted,1 received,0%packet loss,time 0ms
rtt min/avg/max/mdev=0.561/0.561/0.561/0.000 ms
[a1@mail ~]$ exit                     //退出 a1 用户
logout
[root@mail ~]# chmod u-s/bin/ping     //去除 ping 命令的 SUID 权限
[root@mail ~]# ll/bin/ping            //SUID 权限已去除
-rwxr-xr-x 1 root root 35864 Aug62008/bin/ping
[root@mail ~]# su-a1                  //再次切换到 a1 用户
[a1@mail ~]$ ping-c1 127.0.0.1        //执行 ping 命令,发现 ping 命令执行不成功
ping:icmp open socket:Operation not permitted
[a1@mail ~]$
```

从上例可知，当普通用户在执行某些特殊命令时，需要具有 SUID 权限；当失去 SUID 权限时，普通用户可能将无法执行此类特殊命令。

SGID 表示任何用户在具有 SGID 权限的目录下创建文件或目录时，系统会自动地继承父目录的工作组。如下例所示。

5.5.2 实例6：SGID 权限控制

```
[root@mail ~]# mkdir test             //创建测试目录 test
[root@mail ~]# ll test-d              //显示 test 目录的权限,不具有 SGID 权限
drwxr-xr-x 2 root root 4096 Sep 14 21:16 test
[root@mail ~]# chown bin.bin test     //更改属有者和工作组为 bin
[root@mail ~]# ll test-d              //显示 test 目录,发现属有者和工作组已更改
drwxr-xr-x 2 bin bin 4096 Sep 14 21:16 test
[root@mail ~]# cd test                //进入 test 目录
```

```
[root@mail test]# mkdir dir1         //创建目录
[root@mail test]# touch file1        //创建文件
[root@mail test]# ls -l              //显示当前目录的情况,发现dir1和file1文件的属有者和工作组均为
                                       root,并没有继承父目录的工作组
total 4
drwxr-xr-x 2 root root 4096 Sep 14 21:17 dir1
-rw-r--r-- 1 root root 0 Sep 14 21:17 file1
[root@mail test]# cd ..              //切换到上一级目录
[root@mail ~]# chmod g+s test        //设置test目录的权限,添加SGID权限
[root@mail ~]# ll test -d            //显示test目录,发现test目录已具有SGID权限
drwxr-sr-x 3 bin bin 4096 Sep 14 21:17 test
[root@mail ~]# cd test               //进入test目录
[root@mail test]# ls -l              //显示现在文件的情况
total 4
drwxr-xr-x 2 root root 4096 Sep 14 21:17 dir1
-rw-r--r-- 1 root root 0 Sep 14 21:17 file1
[root@mail test]# touch file2        //创建file2文件
[root@mail test]# mkdir dir2         //创建dir2目录
[root@mail test]# ls -l              //显示当前目录情况,发现新创建的dir2和file2文件的工作组自动地
                                       继承了父目录的工作组
total 8
drwxr-xr-x 2 root root 4096 Sep14 21:17 dir1
drwxr-sr-x 2 root bin 4096 Sep14 21:17 dir2
-rw-r--r-- 1 root root 0 Sep14 21:17 file1
-rw-r--r-- 1 root bin 0 Sep14 21:17 file2
[root@mail test]#
```

由上例可见,当用户设置了SGID权限后,系统会自动地继承父目录的工作组。此权限一般用于工作组权限统一,例如需要对某个部门的所有用户权限进行控制时,可以设置SGID权限。

T位表示粘贴位,即普通用户a1在具有T位权限的目录下创建文件时,普通用户b1将无权对a1的文件进行删除操作。此权限位用于防止用户之间误删文件的情况发生。默认情况下/tmp和/usr/tmp目录具有T位权限。

5.5.3 实例7:T位权限控制

```
[root@mail test]# ll /tmp/ -d     //显示/tmp目录的权限,发现/tmp具有T位权限
drwxrwxrwt 42 root root 4096 Sep 14 21:15 /tmp/
[root@mail test]# useradd a1      //创建测试用户a1
[root@mail test]# useradd b1      //创建测试用户b1
[root@mail test]# su - a1         //切换用户身份到a1
[a1@mail ~]$ whoami               //显示当前用户
a1
[a1@mail ~]$ cd /tmp/             //进入/tmp目录
[a1@mail tmp]$ touch a1           //创建文件a1
[a1@mail tmp]$ ll a1              //显示a1文件的权限
-rw-rw-r-- 1 a1 a1 0 Sep 14 21:18 a1
[a1@mail tmp]$ chmod 777 a1       //更改a1文件的权限为777,完全控制权限
```

```
[a1@mail tmp] $ ll a1            //显示 a1 文件的权限,发现已更改成功
- rwxrwxrwx 1 a1 a1 0 Sep 14 21:18 a1
[a1@mail tmp] $ exit             //退出 a1 用户
logout
[root@mail test]# su - b1        //切换到 b1 用户
[b1@mail ~ ] $ whoami            //显示当前用户
b1
[b1@mail ~ ] $ cd/tmp            ///进入/tmp 目录
[b1@mail tmp] $ ll a1            //再次显示 a1 文件的权限,发现其他组权限位的权限是 1,表示可以对 a1 文件
                                   进行删除操作
- rwxrwxrwx 1 a1 a1 0 Sep 14 21:18 a1
[b1@mail tmp] $ rm a1 - rf       //执行 rm 删除命令,发现权限被拒绝。此由可知,在 T 位权限目录下,a1 用户
创建的文件,b1 用户是无权对其进行删除的;若在其他目录,没有 T 位保护,则 b1 用户可以对 a1 文件进行删除
rm:cannot remove'a1':Operation not permitted
[b1@mail tmp] $ echo"adfasdlfasdf" > a1
                                 //替换 a1 文件内容,发现并未提示错误,表示用户 b1 可以对 a1 文件进行添
                                   加、覆盖之类的操作
[b1@mail tmp] $ ll a1            //显示 a1 文件的大小已发生变化
- rwxrwxrwx 1 a1 a1 13 Sep 14 21:19 a1
```

5.6 小 结

本项目主要讨论在 Linux 中如何使用图形界面和命令模式去创建用户、工作组,如何去管理用户、工作组,以及利用实例说明权限的设置和管理。这些知识为我们进一步学习 Linux 打下了良好的基础。

5.7 习 题

1. 在 Linux 中用户可以分为哪几种类型?有何特点?
2. 利用 useradd 命令新建用户账号时,将改变哪几个文件的内容?
3. 对普通用户创建的新目录,默认的访问权限是什么?
4. 系统中有用户 user1 和 user2,同属于 users 组。在 user1 用户目录下有一文件 file1,它拥有 6440 的权限。如果 user2 想修改 user1 用户目录下的 file1 文件,应该怎样修改权限?

项目六　Linux 网络配置与应用

|学习目标|

(1) 掌握 Linux 系统的 IP 配置；
(2) 熟悉 Linux 系统下常用的网络命令；
(3) 掌握 Linux 系统与 Windows 系统之间的文件传输方法；
(4) 掌握 Linux 系统中相关网络配置文件的编辑。

6.1　Linux 网络基础概述

Linux 系统就是为了诸多的网络应用而生的，其网络功能也是优异的，它能支持多种网络协议，也能为 Internet 提供多种应用。

TCP/IP 从一开始就集成到了 Linux 系统之中，并且其实现完全是重新编写的。现在，TCP/IP 已成为 Linux 系统中最健壮、速度最快和最可靠的部分，也是 Linux 系统之所以成功的一个关键因素。

另外，TCP/IP 版本 6，即 IPv6，也称为 IPng（IP Next Generation），是 IPv4 协议的升级，用于解决 IP 地址日益匮乏的问题，也已经成为 Linux 2.2.0 内核的一部分。

6.2　Linux 系统的 IP 配置

通常 Linux 主机只有一个网卡，此时网卡的名称为 eth0 (lo)。eth 是局域网网卡的名称，后面的数字表示网络编号，第 1 个网卡为 eth0，第 2 个网卡为 eth1，依此类推。lo 是网络接口，它提供一个回环接口，供一些需要网络的程序使用，如 mpd、xmms2 等借助此接口来通信，系统中也利用该接口进行网络的回环测试。

系统 IP 配置有图形化配置与字符界面配置两种方法，在此先来了解图形化配置方法。

6.2.1　窗口环境下配置 IP

在 rhel5 中，可通过 "系统" | "管理" | "网络" 打开网络配置窗口，或者在命令行模式

下输入 system – config – network 并回车。如图 6 – 1 所示。

此时，网卡并未激活，选定 eth0 网卡，单击"编辑"按钮，弹出 IP 配置窗口。如图 6 – 2 所示。

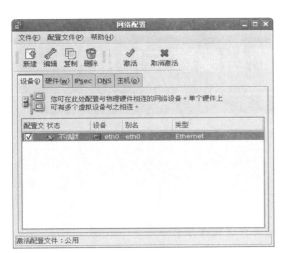

▲图 6 – 1　网络配置

▲图 6 – 2　以太网设备

如果局域网上有 DHCP 服务器，则可设置主机 IP 为 DHCP 获取方式，选定"自动获取 IP 地址设置使用"即可。如使用静态 IP 地址，则在 IP 地址、子网掩码、默认网关地址的输入框中分别输入相应的地址，然后单击"确定"按钮。

选择"DNS"标签，进入 DNS 配置界面，为了正常进行域名解析，至少需要配置一个 DNS。如图 6 – 3 所示。

配置完成，单击"激活"按钮，即可使网卡正常工作。如图 6 – 4 所示。

▲图 6 – 3　DNS 配置

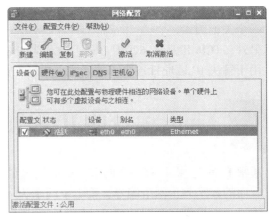

▲图 6 – 4　网络配置

6.2.2　字符界面下配置 IP

在字符界面下可通过两个方法调用 IP 配置程序：一是直接在终端输入 netconfig 命令；二是在终端输入 setup 命令，弹出的界面中有 network configuration（网络配置）项目，选择进入下一步设置即可。

配置界面如图 6-5 所示。

选择 eth0 网卡,然后按 Enter 键。如图 6-6 所示。

如设置网卡通过 DHCP 自动获取 IP 地址,则按空格键,在"Use DHCP"后添加"*"号,单击"OK"按钮并回车;若配置静态 IP 地址,则不添加前面的"*"号,输入地址信息。如图 6-7 所示。

最后单击"OK"按钮并回车即可,至此主机 IP 地址配置完成。

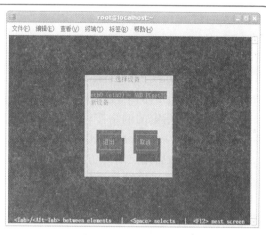

图 6-5 字符界面配置

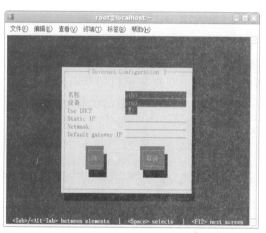

图 6-6 eth0 网卡配置

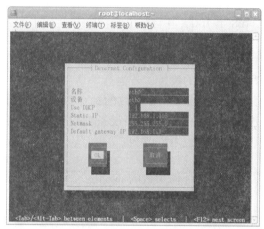

图 6-7 IP 配置

6.3 常用的 Linux 网络命令

Linux 网络的应用命令比较多,通常可分为几种:网络参数设定命令,如 ifconfig(包括 ifup、ifdown)、dhclient、route 等;网络查错与状态查询命令,如 ping、negtstat 等;远程联机命令,如 FTP、Telnet、SSH 等;网络下载命令,如 WGET 等;网络复制命令,如 SCP、RSync 等;网络用户查询命令,如 finger、w、user 等。

6.3.1 网络参数设定命令

1. ifconfig 命令

1)作用

ifconfig 命令用于查看和更改网络接口的地址和参数,包括 IP 地址、网络掩码、广播地址,使用权限是超级用户。

2）格式

ifconfig - interface[options]address

3）主要参数

-interface——指定的网络接口名，如 eth0 和 eth1。

up——激活指定的网络接口卡。

down——关闭指定的网络接口。

broadcast address——设置接口的广播地址。

pointtopoint——启用点对点方式。

address——设置指定接口设备的 IP 地址。

netmask address——设置接口的子网掩码。

4）应用说明

ifconfig 是用来设置和配置网卡的命令行工具。对于手工配置网络，这是一个必须掌握的命令。使用该命令的好处是无须重新启动机器。要赋给 eth0 接口 IP 地址 192.168.1.100，并且马上激活它，使用下面命令：

[root@linux ~]#ifconfig eth0 210.22.6.23 netmask 255.255.255.0 broadcast 192.168.1.255 up

该命令的作用是设置网卡 eth0 的 IP 地址、网络掩码和网络的本地广播地址，并且立即激活该网卡的设置。若运行不带任何参数的 ifconfig 命令，则将显示机器所有激活接口的信息。运行带有 -a 参数的命令则显示所有接口的信息，包括没有激活的接口。注意，用 ifconfig 命令配置的网络设备参数，机器重启以后将会丢失。

以上命令也可以改为：

[root@linux ~]#ifup eth0 210.22.6.23 netmask 255.255.255.0 broadcast 192.168.1.255

运行不带任何参数的 ifconfig 命令，如图 6-8 所示。

查询 eth0 网卡的命令，如图 6-9 所示。

图 6-8 不带参数的 ifconfig 命令

图 6-9 查询 eth0 网卡的 ifconfig 命令

如果要暂时关闭某个网络接口，可使用 down 参数：

[root@linux ~]#ifconfig eth0 down

或者：

[root@linux ~]#ifdown eth0

2. dhclient 命令

如果主机是使用 DHCP 协议在局域网内获取 IP 的话，一般获取 IP 地址最快速的方法就是利用 dhclient 命令，这个命令是发送 DHCP 请求的。如果不考虑其他的参数，则 dhclient 命令的用法很简单，使用下面的方法即可：

[root@linux ~]# dhclient

若需要给 eth0 获取一个 IP 地址，则命令为：

[root@linux ~]# dhclient eth0

这样就可以立刻让主机的网卡以 DHCP 协议去尝试获取 IP 地址。在机房的局域网内，学生机经常打开浏览器会显示联网出错，此时往往是因为主机缺乏 IP，运行一次 dhclient 命令即可解决。如图 6-10 所示。

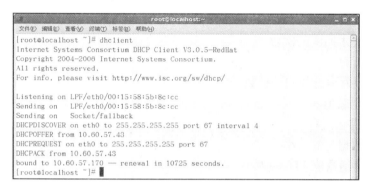

▲图 6-10　dhclient 命令

3. route 命令

1）作用

route 命令主要是用于手工创建、修改和查看路由表。

2）格式

#route[-add][-net|-host]targetaddress[-netmaskNm][dev]If

#route[-delete][-net|-host]targetaddress[gw Gw][-netmaskNm][dev]If

3）主要参数

-add——增加路由。

-delete——删除路由。

-net——路由到达的是一个网络，而不是一台主机。

-host——路由到达的是一台主机。

-netmask Nm——指定路由的子网掩码。

gw——指定路由的网关。

[dev] If——强迫路由链指定接口。

4）应用实例

route 命令用来查看和设置 Linux 系统的路由信息，以实现与其他网络的通信。要实现两个不同子网之间的通信，需要一台连接两个网络的路由器，或者同时位于两个网络的网关。

在 Linux 系统中，设置路由一般是为了解决如下问题：该 Linux 系统在一个局域网中，局域网中有一个网关，为了使机器访问 Internet，那么就需要将这台机器的 IP 地址设置为默认路由。使用如下命令可以增加一个默认路由：

[root@linux ~]#routeadd0.0.0.0192.168.1.1

6.3.2 网络查错与状态查询命令

1. ping 命令

1）作用

ping 检测主机网络接口状态，所有用户都具有使用权限，可用来追踪最大 MTU 值。

2）格式

ping[-dfnqrRv][-c][-i][-I][-l][-p][-s][-t] IP 地址

3）常用参数

-c——设置要求回应的次数。

-f——极限检测。

-i——指定收发信息的间隔秒数。

-n——只输出数值。

-R——记录路由过程。

-s——设置数据包的大小。

-t——设置存活数值 TTL 的大小。

-v——详细显示指令的执行过程。

例：使用 ping 命令，ping 192.168.1.102 主机，只要求回应 5 次。如图 6-11 所示。

▲图 6-11 ping 命令

ping 命令是使用最多的网络指令，通常使用其检测网络是否连通，它使用 ICMP 协议。但有时可能会出现可以在浏览器查看一个网页，但却无法 ping 通的情况，这是由于某些网站出于安全考虑安装了防火墙。另外，也可以在自己计算机上试一试，通过下面的方法使系统对 ping 命令不作反应。

[root@linux ~]#echo 1 >/proc/sys/net/ipv4/icmp_echo_ignore_all

2. netstat 命令

1）作用

检查整个 Linux 网络状态，或查询网络的路由信息。

2）格式

netstat[-acCeFghilMnNoprstuvVwx][-A][--ip]

3）主要参数

-a --all——显示所有连线中的 Socket。

-A——列出该网络类型连线中的 IP 相关地址和网络类型。

项目六　Linux 网络配置与应用

－c－－continuous——持续列出网络状态。

－C－－cache——显示路由器配置的快取信息。

－h－－help——在线帮助。

－i－－interfaces——显示网络界面信息表单。

－r－－route——显示 Routing Table。

－s－－statistic——显示网络工作信息统计表。

－t－－tcp——显示 TCP 传输协议的连线状况。

－u－－udp——显示 UDP 传输协议的连线状况。

－v－－verbose——显示指令执行过程。

－V－－version——显示版本信息。

4）应用

netstat 主要用于 Linux 查看自身的网络状况，如开启的端口、在为哪些用户服务，以及服务的状态等。它也显示系统路由表、网络接口状态等。因此 netstat 是一个综合性的网络状态查看工具。在默认情况下，netstat 只显示已建立连接的端口。如果要显示处于监听状态的所有端口，使用 －a 参数即可。

```
[root@linux ~]#netstat -a
Active Internet connections(only servers)
ProtoRecv-Q Send-QLocal AddressForeign AddressState
tcp00 * :32768* :* LISTEN
tcp0 0 * :nfs* :* LISTEN
tcp00 * :mysql* :* LISTEN
tcp00 * :netbios-ssn* :* LISTEN
tcp00 * :sunrpc* :* LISTEN
tcp00 * :http* :* LISTEN
……
```

上面显示出，这台主机同时提供 HTTP、FTP、NFS 和 MySQL 等服务。

通过 netstat 查询网络路由信息，如图 6－12 所示。

● 图 6－12　netstat 命令查询网络路由信息

由图 6－12 可知，主机的默认路由是 10.60.57.254。

若查询所有的 TCP 协议传输连接信息，如图 6－13 所示。

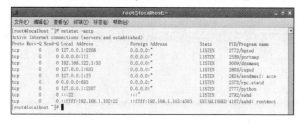

● 图 6－13　netstat 命令查询 TCP 协议传输连接信息

6.3.3 远程联机命令

1. SSH 命令

1）作用

通过 SSH 协议远程连接登录到 Linux 系统，SSH 协议采用加密方式传输信息。

2）格式

ssh[-l login_name][hostname | user@hostname][command]

ssh[-afgknqtvxCPX246][-c blowfish | 3des][-e escape_char][-i identity_file][-o option][-p port][-L port:host:hostport][-R port:host:hostport][hostname | user@hostname][command]

SSHD 负责执行 SSH 的守护程序 Daemon，在使用 SSH 之前必须激活 SSHD，可把它加在/etc/init/rc.local 中，在开机时激活。

在执行 SSHD 之前可以指定它的 port，如：sshd – p 999。

若有安装 SSL，可以指定 SSL 的 port 为 443，如：sshd – p 443。

这样就可经过 SSL 及 SSH 的双重保护，但必须指明使用的 port，如：ssh – l user – p 443 youfound.com 才行；若不指明则仍然使用预设的 port 22。

SSH 选项：

ssh – l login_ name

指定登录于远程机器上的使用者，若不加此选项，直接输入 ssh lost 也可以，它是以当前用户身份去做登录动作的，如：ssh lyoufound.com。

3）常用参数

– c blowfish | 3des——在期间内选择所加密的密码形式。预设 3des（做三次资料加密）是用三种不同的密码键做三次的加密 – 解密 – 加密。blowfish 是一个快速区块密码编制器，它比 3des 更安全、更快速。

– v Verbose——模式。使 SSH 去输出关于行程的除错讯息，这在连接除错、认证和设定的问题上有很大的帮助。

– V——显示版本。

– f——要求 SSH 在后台执行命令，假如 SSH 要询问密码或通行证，但是使用者想要它在后台执行就可以用这个方式，最好加上 – l user，例如在远程场所上激活 X11，有点像是 ssh – f host xterm。

– i identity_ file——选择所读取的 RSA 认证识别的档案。预设是在使用者的家目录中的 ssh/identity。

– p port——连接远程机器上的 port。

– P——使用非特定的 port 去对外联机。如主机防火墙不准许从特定的 port 去联机时，就可使用此选项，但该选项会关掉 RhostsAuthentication 和 RhostsRSAAuthentication。

– t——强制配置 pseudo – tty。这可以在远程机器上去执行任意的 screen – based 程式，例如操作 menu services。

– L listen – port：host：port——指派本地的 port 到达端机器地址上的 port。

– R listen – port：host：port——指派远程上的 port 到本地地址上的 port。

SSH 登录，默认情况下需要密码，也可以不输入密码，但需要做一定的设置，且第一次联机时，需要做一次确认，之后每次输入密码即可。

SSH 联机示范，如图 6-14 所示。

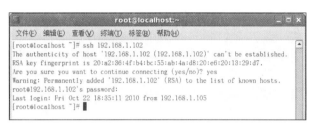

▲图 6-14　SSH 命令

当以 root 身份登录时，命令为 ssh – l root 192.168.1.102，此时命令可写为 ssh 192.168.1.102。因为默认情况下不指定用户即以当前用户身份登录。

2. FTP 命令

1）作用

FTP 命令用来进行远程文件传输。FTP 是 ARPANet 的标准文件传输协议，该网络就是现今 Internet 的前身，所以 FTP 既是协议又是一个命令。

2）格式

`ftp[-dignv][主机名称 IP 地址]`

3）主要参数

– d——详细显示指令执行过程，便于排错分析程序执行的情形。

– i——关闭互动模式，不询问任何问题。

– g——关闭本地主机文件名称支持特殊字符的扩充特性。

– n——不使用自动登录。

– v——显示指令执行过程。

4）使用说明

FTP 命令是标准的文件传输协议的用户接口，是在 TCP/IP 网络计算机之间传输文件的简单有效的方法，它允许用户传输 ASCII 文件和二进制文件。为了使用 FTP 来传输文件，用户必须知道远程计算机上的合法用户名和口令。这个用户名和口令的组合用来确认 FTP 会话，并用来确定用户对要传输的文件进行什么样的访问。另外，用户需要知道进行 FTP 会话的计算机的 IP 地址。

用户可以通过使用 FTP 客户程序连接到另一台计算机上；可以在目录中上下移动，列出目录内容；可以把文件从远程计算机拷贝到本地机上；还可以把文件从本地机传输到远程机中。

通过 FTP 连接到服务器，如图 6-15 所示。

在默认的情况下，登录 FTP 服务器，一般以用户名 ftp、密码 ftp 登录。

FTP 内部命令有 72 个，常用内部命令如下：

ls——列出远程机的当前目录。

cd——在远程机上改变工作目录。

lcd——在本地机上改变工作目录。

close——终止当前的 FTP 会话。

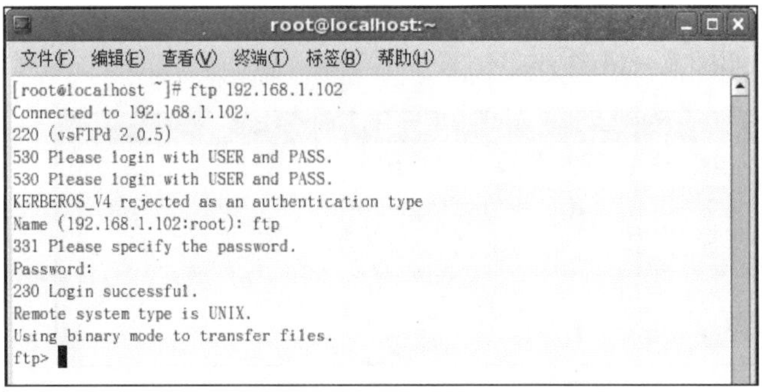

▲图 6-15　FTP 命令

hash——每次传输完数据缓冲区中的数据后就显示一个#号。

get（mget）——从远程机传送指定文件到本地机。

put（mput）——从本地机传送指定文件到远程机。

quit——断开与远程机的连接，并退出 FTP。

在 FTP 提示符下，运行命令?，即可看到 FTP 的所有命令。如图 6-16 所示。

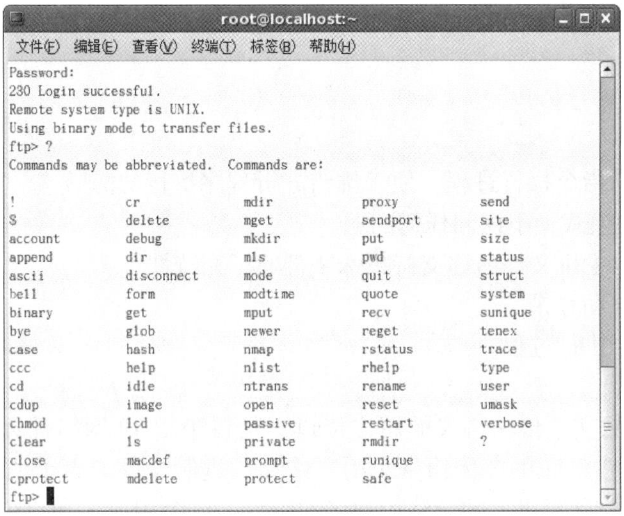

▲图 6-16　FTP 所有命令

3. Telnet 命令

1）作用

Telnet 表示开启终端机阶段作业，并登入远端主机。Telnet 是一个 Linux 命令，同时也是一个协议（远程登录协议），通过 Telnet 协议远程连接登录到 Linux 系统。Telnet 协议采用明文传输信息，用户只能使用基于终端的环境而不是 X Window 环境。Telnet 只为普通终端提供终端仿真，而不支持 X Window 等图形环境。

2）格式

telnet[-8acdEfFKLrx][-b][-e][-k][-l][-n][-S][-X][主机名称 IP 地址 <通信端口>]

但 Telnet 命令的一般形式为：

telnet 主机名/IP

其中"主机名/IP"是要连接的远程机的主机名或 IP 地址。如果这一命令执行成功，将从远程机上得到"login:"提示符。

使用 Telnet 命令登录的过程如下：

$ telnet 主机名/IP

启动 Telnet 会话，一旦 Telnet 成功地连接到远程机，就显示登录信息并提示用户输入用户名和口令，如果用户名和口令输入正确，就能成功登录并在远程机上工作。

3) 主要参数

-8——允许使用 8 位字符资料，包括输入与输出。

-a——尝试自动登入远端系统。

-b——使用别名指定远端主机名称。

-c——不读取用户专属目录里的 .telnetrc 文件。

-K——不自动登入远端主机。

-l——指定要登入远端主机的用户名称。

-S——服务类型，设置 Telnet 连线所需的 IP TOS 信息。

4) 应用说明

首先确保 Linux 系统安装了 telnet-server 软件包，查看是否安装此软件包的命令：

[root@localhost root]#rpm-qa | grep telnet

telnet-0.17-38.el5.i386.rpm//Telnet 客户端（默认安装）

telnet-server-0.17-38.el5.i386.rpm//Telnet 服务软件包

如果没有安装，请在 Linux 安装盘中找到 telnet-server-0.17-38.el5.i386.rpm 软件包（一般在第 3 张光盘，但 DVD 光盘只有 1 张），安装后经过设置，启动 Telnet 服务即可。

Telnet 命令测试效果，如图 6-17 所示。

△图 6-17 Telnet 命令

[root@youfound ~]#telnet 10.60.57.41

默认情况下，根用户是不可以登录的，通常是在登录后用命令 su 更改到 root 用户就可以了。

考虑到 Telnet 的登录安全性，因为 Telnet 是采用明文传输数据的，因此可通过嗅探器程序抓到口令与密码，所以远程登录尽量不要用 Telnet，一般用 SSH 登录更安全。因此可限制访问 IP、访问时间、最大连接数目等因素尽可能地提高安全性。修改 /etc/xinetd.d/telnet 文件，然后重新启用服务。

[root@localhost root]#vi/etc/xinetd.d/telnet

....

{

```
disable=no//开启 Telnet 服务
ind=192.168.1.1//服务器有多个 IP 地址,设置本地 Telnet 服务器 IP
only_from=192.168.1.0/24//只允许这个网段的 IP 登录
only_from=.edu.cn//只允许教育网进入
o_access=192.168.1.{1,2}//只有这两台主机可以登录
access_times=8:00-12:0014:00-16:00//限制在这两个时间段可使用 Telnet 服务
instances=3//连接最大数
...
}
```

6.3.4 网络下载命令

1. 作用

WGET 是一个从网络上自动下载文件的自由工具,支持通过 HTTP、HTTPS、FTP 三个最常见的 TCP/IP 协议下载,还可以使用 HTTP 代理。

2. 命令格式

wget [options] [URL]

3. 应用

1) 下载

下载也可调用参数,定义下载重复次数、保存文件名等。

-t, --tries=NUMBER——下载重复次数(0 表示无穷次)。

-o --output-document=FILE——下载文件保存为别的文件名。

例:下载 www.baidu.com 的首页并将下载过程中的输入信息保存到 test.htm 文件中。

```
wget -o test.htm http://www.baidu.com
```

2) 文件处理

例 1:下载 www.baidu.com 首页并且显示下载信息。

```
wget -d http://www.baidu.com
```

例 2:下载 www.baidu.com 首页并且不显示任何信息。

```
wget -q http://www.baidu.com
```

例 3:下载 filelist.txt 中所包含的链接的所有文件。

```
wget -i filelist.txt
wget -np -m -l 4 http://www.baidu.com
```

不下载本站所链接的其他站点内容,4 级目录结构。

例 4:下载 www.baidu.com 的首页,并且保持网站结构。

```
wget -x http://www.baidu.com
```

例 5:下载整个网站。

```
wget -r http://www.baidu.com
```

如从 opera 浏览器的官方网站上下载其 RPM 包,则输入此命令:wge thttp://get.opera.com/pub/opera/linux/1063/opera-10.63-6450.i386.rpm,如图 6-18 所示。

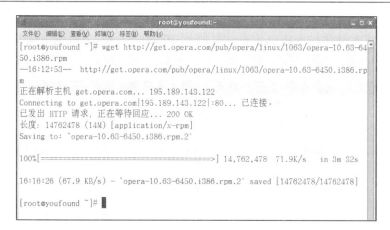

▲图 6-18 网络下载命令 WGET

6.3.5 网络复制命令

网络复制命令包括 SCP 与 RSync，两个命令均是基于 SSH 协议工作的，且在使用上基本相同，会用 SCP 相当于掌握了 RSync，只是 RSync 命令不会将工作进度详细显示出来。

1. 作用

SCP 在局域网内的两个 Linux 主机之间复制文件。

2. 格式

scp[可选参数] file_source file_target

3. 主要参数

-v——跟大多数 Linux 命令中的 -v 意思相同，用于显示进度，可用来查看连接、认证或是配置错误。

-C——使能压缩。

-P——选择端口。

-4——强行使用 IPv4 地址。

-6——强行使用 IPv6 地址。

4. 应用说明

1）从本地复制到远程

（1）复制文件命令格式。

scp local_file remote_username@ remote_ip:remote_folder

或者 scp local_file remote_username@ remote_ip:remote_file

或者 scp local_file remote_ip:remote_folder

或者 scp local_file remote_ip:remote_file

第 1、2 个指定了用户名，命令执行后需要再输入密码，第 1 个仅指定了远程的目录，文件名不变，第 2 个指定了文件名；第 3、4 个没有指定用户名，命令执行后需要输入用户名和密码,第3个仅指定了远程的目录,文件名不变,第4个指定了文件名。

实例应用:将本地文件 welcome.msg 复制到 10.60.57.43 主机的 root 文件夹中,如图 6-19 所示。

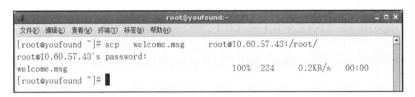

△图 6-19 网络复制命令 SCP

例1:

scp/home/space/music/1.mp3 root@www.cumt.edu.cn:/home/root/others/music

scp/home/space/music/1.mp3 root@www.cumt.edu.cn:/home/root/others/music/001.mp3

scp/home/space/music/1.mp3 www.cumt.edu.cn:/home/root/others/music

scp/home/space/music/1.mp3 www.cumt.edu.cn:/home/root/others/music/001.mp3

(2)复制目录命令格式。

scp -r local_folder remote_username@remote_ip:remote_folder

或者 scp -r local_folder remote_ip:remote_folder

第1个指定了用户名,命令执行后需要再输入密码;第2个没有指定用户名,命令执行后需要输入用户名和密码。

例2:

scp -r/home/space/music/ root@www.cumt.edu.cn:/home/root/others/

scp -r/home/space/music/ www.cumt.edu.cn:/home/root/others/

上面命令将本地 music 目录复制到远程 others 目录下,即复制后远程有./others/music/目录。

2)从远程复制到本地

从远程复制到本地,只要将从本地复制到远程的命令的后两个参数调换顺序即可,如:

scp root@www.cumt.edu.cn:/home/root/others/music/home/space/music/1.mp3

scp -r www.cumt.edu.cn:/home/root/others//home/space/music/

最简单的应用如下:

scp 本地用户名@IP 地址:文件名1 远程用户名@IP 地址:文件名2

[本地用户名@IP 地址:](可不输入)一般需要输入远程用户名所对应的密码。

Linux SCP 命令的使用方法基本上可以满足用户对 Linux 文件和目录的复制与使用需求。

6.3.6 网络用户查询命令

网络用户查询命令包括 finger、w、user 等,3 个命令用法基本相同,只是显示结果有所不同。

1. 作用

finger 命令用来查询一台主机上的登录账号的信息,通常会显示用户名、主目录、停滞时间、登录时间和登录 Shell 等信息,使用权限为所有用户。

2. 格式

finger[选项][使用者][用户@主机]

3. 主要参数

-s——显示用户注册名、实际姓名、终端名称、写状态、停滞时间和登录时间等信息。

-l——除了-s选项显示的信息外，还能显示用户主目录、登录 Shell 和邮件状态等信息，以及用户主目录下的 plan、project 和 forward 文件的内容。

-p——除了不显示 plan 文件和 project 文件以外，与-l 选项相同。

4. 应用实例

在 Linux 系统上使用 finger：

[root@localhost root]# Finger
Login Name Tty Idle Login Time Office Office Phone
root root tty12 Dec 15 11
root root pts/0 1 Dec 15 11
root root* pts/1 Dec 15 11

如图 6-20 所示，可看到已登录到系统上的用户，包括远程用户。

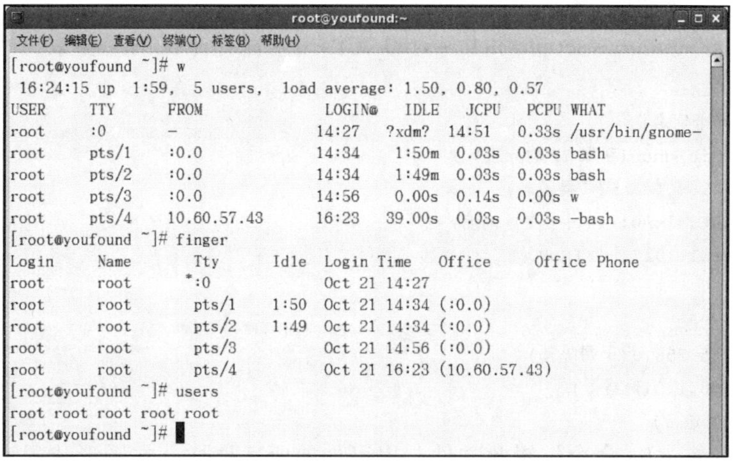

▲图 6-20 网络用户查询命令

5. 应用说明

finger 命令与 w、users 命令基本相同，均可查询登录到系统的用户。

6.4 Linux 的网络配置文件

在 Linux 系统中，网络功能的运行必须借助某些配置文件的内容设置，目前有许多工具或程序可对网络文件内容进行设置。本书从了解系统工作原理与维护系统角度，对原始的配置文件进行手工修改与配置，且以较为重要的网络配置文件来加以说明。

6.4.1 网络配置文件

/etc/sysconfig/network 该文件比较很简单，但却是网络主机中的重要配置文件。以编者的主机为例，其默认的内容如下：

```
[root@youfound ~]# vi/etc/sysconfig/network
NETWORKING = yes
HOSTNAME = youfound.com
```

上述中的"NETWORKING = yes"表示打开 Linux 服务器的网络功能，建议保留此默认值，否则失去网络功能的 Linux 将成为一台与外界隔绝的主机；而"HOSTNAME = youfound.com"则表示该主机的名称。

除了以上的设置项目外，还可加入许多选项，如下说明是较为常见的设置项目。

FORWARD_IPV4——设置这台服务器是否允许转发来自客户端的 IPv4（IP Version 4）分组。

DOMAINNAME——此台服务器所属的域名。

GATEWAYDEV——连接网关的设备，通常设为 eth0，表示以网卡当作网络连接设备，如果是拨号连接用户则设为 ppp0。

6.4.2 网卡配置文件

/etc/sysconfig/network-scripts/ifcfg-eth0 文档用来保存主机网卡参数，网卡激活时将调用此文件的设置。

```
DEVICE = eth0(网卡别名)
BOOTPROTO = static/dhcp(获取 IP 的方式)
BROADCAST = 192.168.1.255(广播地址)
HWADDR = 00:0E:0C:42:A0:14(网卡硬件地址)
IPADDR = 192.168.1.102(网卡 IP 地址)
IPV6INIT = yes
IPV6_AUTOCONF = yes
NETMASK = 255.255.255.0(子网掩码)
NETWORK = 192.168.1.0(网络号)
ONBOOT = yes(开机激活)
```

另外可通过 netconfig 命令编辑此文件，也可如前所述那样，在图形化界面下配置，但如要使该配置文件生效，必须使用 ifup 命令。

另外一块网卡绑定多个 IP，可手工建立一个 ifcfg-ethx:xxx 文件，如 ifcfg-eth0:0 则是为 eth0 网卡设定的第二个 IP，其文件内容如下：

```
DEVICE = eth0:0
ONBOOT = yes
BOOTPROTO = static(采用静态 IP)
IPADDR = 192.168.1.105
NETMASK = 255.255.255.0
TYPE = Ethernet
```

6.4.3 主机地址配置文件

Linux 系统默认的通信协议为 TCP/IP，而 TCP/IP 网络上的每台主机都是以一个唯一的号码来代表它的地址，这个号码就称为 IP 地址。不论主机位于局域网内还是Internet中，只要是使用 TCP/IP 作为通信时的协议，主机间就必须依靠 IP 地址来互相识别。

　　IP 地址虽然可以准确地识别每一台主机，但 IP 地址记忆比较困难，因此需要在网络上使用名称解析，即 DNS。利用 DNS 进行 IP 地址和主机名称的转换。

　　Linux 系统在网络中进行 IP 地址和主机名称的转换有两种方法：使用 DNS 服务器或是/etc/hosts 文件。本节就对/etc/hosts 文件进行讨论。当然/etc/hosts 在解析功能上不如 DNS，但由于/etc/hosts 可提供名称解析的功能，且配置简单，因此常被用户所使用。以下是一个/etc/hosts 文件的示例：

```
# Do not remove the following line,or various programs
# that require network functionality will fail.
127.0.0.1 localhost.localdomain localhost
192.168.1.102 youfound.com yf
```

　　文件中的记录可由系统自动产生，或是自行加入，其格式为：

```
IP 地址 主机名称 别名
```

　　在将 IP 地址、主机名称或别名等信息写入/etc/hosts 文件后，就可以使用主机名称或别名来取代原有的 IP 地址。如一台 Web 服务器的 IP 地址为 192.168.1.102，其主机名称为 www.youfound.com，别名为 yf，则在本机浏览器上输入以下的任何地址都可连接到这台 Web 服务器：

　　http://192.168.1.102（在局域网和 Internet 中使用）。

　　http://www.youfound.com（在局域网和 Internet 中使用）。

　　http://yf（仅限于在局域网中使用）。

6.4.4　允许与拒绝地址配置文件

　　/etc/hosts.allow 和/etc/hosts.deny 两个文件用于控制允许与拒绝对主机系统的访问。如希望某些计算机可以访问服务器中由/usr/sbin/tcpd 提供的 Internet 服务，在/etc/hosts.allow 文件中定义允许访问的计算机；如不希望特定计算机访问服务器中的 Internet 服务，应该在/etc/hosts.deny 文件中定义拒绝访问的主机。

　　系统收到来自客户端的访问请求后，会先检查/etc/hosts.allow 文件的内容，以决定是否允许此客户端的访问。若允许则会将此请求转发到指定的服务程序，同时忽略/etc/hosts.deny 配置文件的检查。

　　若在/etc/hosts.allow 文件中没有此客户端被允许的记录，系统会继续检查/etc/hosts.deny 文件的内容。若该客户端的数据出现在此文件中，则此请求将被拒绝；如没有出现则此客户端的请求仍会被转发到指定的服务程序。

　　系统在审核客户端的访问请求时，只要找到符合的记录就不再往下检查。因此，如将一个记录同时记录在/etc/hosts.allow 和/etc/hosts.deny 文件中，系统仍然会在检查/etc/hosts.allow 文件时就允许该客户端的请求，而不检查/etc/hosts.deny 文件。通常会将需要提供服务的客户端记录在/etc/hosts.allow 中，而在/etc/hosts.deny 文件中只写入简单的一行：

```
ALL:ALL
```

　　如需增加额外的记录，可使用以下的格式进行设置：

```
Daemon:Address[:Option1[:Option2]]
```

　　格式说明：

Daemon——接受客户端请求后必须执行的服务程序名称,如 in. ftpd,或是使用 ALL 来代表所有服务程序名称。

Address——用来代表某个客户端 IP 地址、主机名称、URL,或是某一范围的 IP 地址、主机名称和 URL。以下是字符串说明:

ALL:表示所有地址。

LOCAL:不带小数点的主机名称。

UNKNOWN:代表所有名称或 IP 地址为未知的主机。

KNOWN:代表所有名称及 IP 地址均为已知的主机。

PARANOID:代表所有主机名称与 IP 地址不一致的主机。

Option:这是一个选择性的项目,所以并不一定需要设置。以下是 Option 字段常用项目说明:

allow:不论 hosts. allow 与 hosts. deny 的设置是什么,符合此设置条件的客户端都可进行连接请求,同时这个选项的设置内容应该放在该行的最后。

deny:不论 hosts. allow 与 hosts. deny 的设置是什么,符合此设置条件的客户端都不可进行连接请求,同时这个选项的设置内容应该放在该行的最后。

spawn:当收到连接请求时会自动启动一个 Shell 命令,此选项必须放在设置行的最后。

twist:当收到连接请求时会自动启动一个 Shell 命令,但当 Shell 命令执行完毕后,连接立即中断,此选项同样必须放在设置行的最后。

6.4.5 主机查找配置文件

由上可知,解析主机名称可通过/etc/hosts 文件或是 DNS 服务器进行,具体先利用哪一个进行解析由/etc/host. conf 文件决定,该文件可用来设置主机名称解析时的优先级。以下为该文件的默认内容:

```
order hosts,bind
```

默认内容中只有一行记录,它表示主机名称解析的过程,先使用/etc/hosts 文件,若无法成功进行解析,再尝试使用 DNS 服务器。

除了具有决定解析顺序的功能之外,/etc/host. conf 文件还包含其他的配置信息,其设置项目说明如下:

order——指定主机名称解析时的查找顺序。

trim——指定默认的域名,可在此指定一个或多个默认域名。例如 youfound. com,则当查询某一主机信息时,只要输入主机名称,例如 youfound,系统就会自动在主机名称后加上默认的域名,例如 youfound. com,此功能可提高解析效率,且允许在此文件中加入多个默认域名。如要添加名为 youfound. com 的默认域名,可加入如下记录:

```
trim youfound.com
```

multi——是否在/etc/hosts 文件中,允许同一主机名称对应到多个 IP 地址。例如 192. 168. 1. 102 和 192. 168. 2. 103 都对应到 youfound. com。若打开此功能,可加入记录:

```
multi on
```

nospoof——是否允许主机名称进行反向查询,该功能可提高主机名称解析的准确性,如打开这个功能,可加入记录:

```
nospoof on
```

6.4.6 名称服务器查找顺序配置文件

/etc/resolv.conf 文件主要用来设置 DNS 服务器的相关选项,其中可供设置的常用项目有 3 种:nameserver、domain 和 Search。

(1) nameserver 设置名称服务器。此处所谓的名称服务器就是指 DNS 服务器,最多可设置 3 个 namesever,而每条 DNS 服务器的记录需自成一行。在设置 nameserver 后,当主机进行名称解析时会先查询记录中的第一台 nameserver,如果无法成功解析,则会继续查询下一台 nameserver。

如若希望客户端可使用 3 台 DNS 服务器来进行名称解析工作,则可输入如下内容:
nameserver 10.60.57.1
nameserver 202.96.128.166
nameserver 202.96.128.83

以上 3 个 DNS 地址,分别对应主机 DNS 配置中的主 DNS、第二 DNS 和第三 DNS。

注:若主机本身就是 DNS 服务器,则可使用 0.0.0.0 地址。

(2) domain 指定主机所在的域名,此选项可省略不设。

(3) Search 是选择性的选项。此处允许使用空格键来分隔多个域名,其作用是在进行名称解析工作时,将此处设置的域名自动加在要查询的主机名称之后,最多可加入 6 个域名,总长度不能超过 256 个字符。如设置 3 个不同的域名(3 个名称间需以空格键分隔)如下:
youfound1.com youfound2.com youfound3.com

当要查询的主机名称为 hzec 时,系统会依次查询 hzec.youfound1.com、hzec.youfound2.com、hzec.youfound3.com。在查询过程中,如果成功得到结果,则解析工作立即停止;但如果所有的查找都没有结果,则系统会响应查询失败的信息。

6.4.7 网络服务信息文件

/etc/services 是记录系统中各种不同的网络服务的信息文件,在该文件中的每一条记录都表示一种 Internet 服务。其格式为:
服务名称连接端口号/通信协议名称[别名][批注]

此文件允许使用"连接端口号/通信协议名称"的格式来对应特定的服务名称,但有些程序必须使用此文件来执行特定的功能。

如 xinetd 是一个功能很强的程序,专门负责管理 Internet 上的连接请求,当用户请求远程登入以及文件传输协议时,该程序便会自动检查/etc/services 文件,并找出对应的程序,以满足用户的请求。以下是/etc/services 文件的部分内容,此部分定义了 FTP、SSH、Telnet 等服务的服务端口信息:
#21 is registered to ftp,but also used by fsp
ftp21/tcp
ftp21/udpfsp fspd
ssh22/tcp# SSH Remote Login Protocol
ssh22/udp# SSH Remote Login Protocol
telnet23/tcp
telnet23/udp

一般每个服务都必须使用唯一的连接端口号/通信协议名称。若两个服务需使用同一个连接端口号,则必须使用不同的通信协议;同样,若两个服务使用同一种通信协议,则其使用的连接端口号肯定不相同。

系统可用的连接端口号范围都介于 0~65535 之间,按功能及使用的不同可分为 3 部分:1024 以内连接端口号在国际上已定义,专供各类服务器使用,称为 Well – Known Ports;1024~49151 范围内的连接端口号已在 Internet 上公开,供应用程序自由调用;另外,一些供动态或私人的连接端口号,可使用 49152~65535 范围内的连接端口号。连接端口号是可以修改的,如编者将 HTTP 使用的 80/tcp 修改为 8080/tcp,但一般不这样做,因为修改默认的端口会影响到客户端连接主机。

6.5 Linux 网络传输文件

在 Linux 网络应用中,由于当前多数客户除需要使用 Linux 系统外,还需要使用 Windows 系统,因此有必要在两种系统中相互传输文件。目前用于不同系统平台间传输文件的工具有很多种,编者在此以最为常用的文件传输工具 FileZilla 进行应用示范。

FileZilla 是一个免费开源且跨平台的 FTP 传输文件的工具,分为客户端版本和服务器版本两种,本书主要使用其客户端版本。FileZilla 在 Windows、Linux、MacOS X 下均有对应的版本,软件许可证为 GPL。可控性、有条理的界面和管理多站点的简化方式使得 FileZilla 客户端版本成为一个方便高效的 FTP 客户端工具。

FileZilla 软件可到其官方网站 http://filezilla – project.org/ 上下载,在此先以 Windows 版本为例进行讲解。下载 FileZilla_3.3.4.1_win32 – setup.exe 程序文件,然后安装到 Windows 主机。打开程序界面,如图 6 – 21 所示。

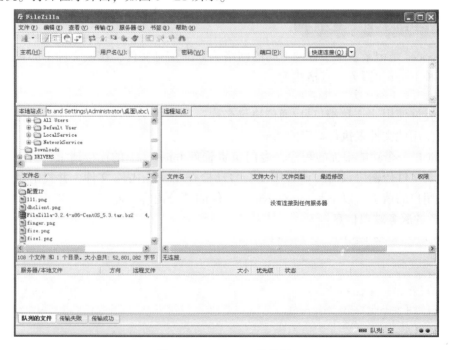

▲图 6 – 21 FileZilla 软件界面

在图 6-21 "主机"等标签后的输入栏中填入连接信息，如：
主机：192.168.1.102。
用户名：root。
密码：admin。
端口：22。
然后单击"快速连接"按钮，就会出现连接对话框，如图 6-22 所示。

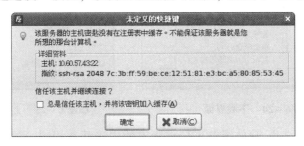

▲图 6-22　连接界面

单击"确定"按钮后即可连接到主机，如图 6-23 所示。

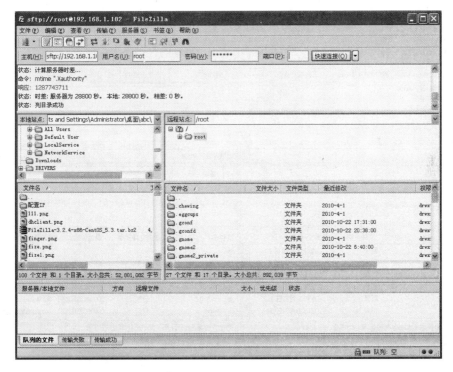

▲图 6-23　FileZilla 界面

图 6-23 所示界面左边为本地主机的文件夹，右边是已连接到 Linux 系统上的文件夹。在右边位置，选中一个文件单击鼠标右键，即可调用"下载"的命令菜单，第 1 个命令是"下载"，可从 Linux 主机上下载文件到本地 Windows 主机。如图 6-24 所示。

同样，在左边选中一个文件，单击鼠标右键，则可调出"上传"的命令菜单，如图 6-25 所示。

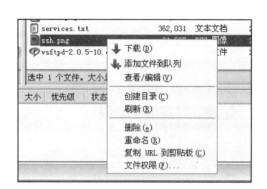
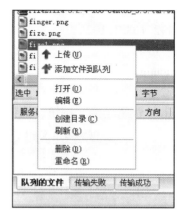

▲图 6 – 24 下载界面　　　　　　▲图 6 – 25 上传界面

  Linux 系统下的 FileZilla 软件跟 Windows 版本的用法基本相同，窗口界面并没多大差别，其最新版本为 FileZilla_ 3.3.4.1_ i586 – linux – gnu.tar.bz2，下载该文件后解压得到 FileZilla 文件夹，在其中的 bin 文件夹下找到 filezilla 文件，双击即可启动 FileZilla。如图 6 – 26 所示。

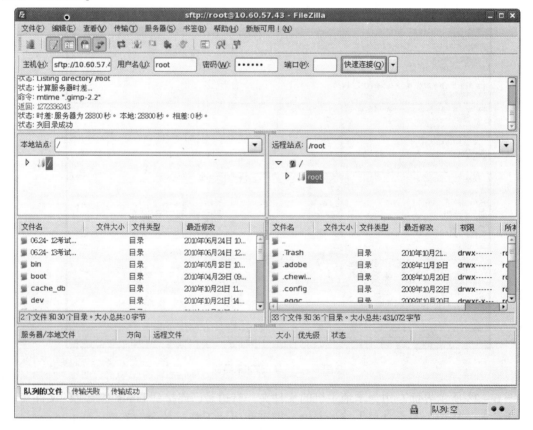

▲图 6 – 26 FileZilla 界面

  通过 FileZilla，用户可以很容易地实现 Windows 与 Linux 系统之间的文件传输。

6.6 小结

本项目主要介绍了 Linux 系统的 IP 配置方法、常用的 Linux 网络命令、Linux 系统与 Windows 系统之间的文件传输以及 Linux 系统中相关网络配置文件的编辑等知识，使初学者能够较快、较全面地了解 Red Hat Enterprise Linux 5，为后续学习打下基础和准备好系统环境。

6.7 习题

1. 列举出常见的网络配置文件。
2. netconfig 命令有什么作用？
3. 如何设置网关和主机名？
4. 当与某远程网络连接不上时，需要跟踪查看路由，以便了解在网络的什么位置出现了问题。那么应该用什么命令查看呢？

项目七 建立 SSH 服务

┃学习目标┃

（1）了解 Linux 的常见网络服务功能；
（2）掌握安装 Linux 常见服务器的方法；
（3）掌握配置和调试 Linux 网络服务的方法。

7.1 SSH 协议简介

SSH 的英文全称为 Secure Shell，是 IETF（Internet Engineering Task Force）的 Network Working Group 所制定的一种协议，其目的是要在非安全网络上提供安全的远程登录和其他安全的网络服务，可以简单理解为 RLogin 和 Telnet 等的替代方案。

SSH 协议在预设状态中提供两个服务器功能：

（1）类似 Telnet 的远程联机使用 Shell 的服务器，即 SSH；
（2）类似 FTP 服务的 sftp – server，提供更安全的 FTP 服务。

1. SSH 基本框架

SSH 协议框架中最主要的部分是三个协议：传输层协议、用户认证协议和连接协议。同时 SSH 协议框架还为许多高层的网络安全应用协议提供扩展的支持。它们之间的层次关系可以用图 7 – 1 来表示。

在 SSH 协议框架中，传输层协议（The Transport Layer Protocol）提供服务器认证、数据机密性和信息完整性的支持；用户认证协议（The User Authentication Protocol）则为服务器提供客户端的身份鉴别；连接协议（The Connection Protocol）将加密的信息隧道复用成若干个逻辑通道，提供给更高层的应用协议使用。各种高层应用协议可以相对地独立于 SSH 基本框架

▲图 7 – 1 SSH 协议的层次结构示意图

之外，并依靠这个基本框架，通过连接协议使用 SSH 的安全机制。

2. SSH 的安全验证

从客户端来看，SSH 提供了两种级别的安全验证。

1）第一种级别（基于口令的安全验证）

只要用户知道账号和口令，就可以登录到远程主机，所有传输的数据都会被加密。但是不能保证用户正在连接的服务器就是用户想连接的服务器，可能会有别的服务器在冒充真正的服务器，也就是受到"中间人"这种方式的攻击。

2）第二种级别（基于密匙的安全验证）

需要依靠密匙，也就是用户必须为自己创建一对密匙，并把公用密匙放在需要访问的服务器上。如果用户要连接到 SSH 服务器，客户端软件就会向服务器发出请求，请求使用用户的密匙进行安全验证。服务器收到请求之后，先在用户在该服务器的家目录下寻找用户的公用密匙，然后把它和用户发送过来的公用密匙进行比较。如果两个密匙一致，服务器就用公用密匙加密"质询（Challenge）"并把它发送给客户端软件。客户端软件收到"质询"之后就可以使用用户的私人密匙解密再把它发送给服务器。

使用这种方式，用户必须知道自己密匙的口令。但是，与第一种级别相比，第二种级别不需要在网络上传送口令。

第二种级别的安全验证不仅对所有传送的数据进行加密，而且"中间人"这种攻击方式也是不可能发生的（因为它没有用户的私人密匙），但是整个登录过程需要的时间较长。

3. SSH 数据加密方式

网络封包的加密技术通常由"一对公钥与私钥（Public and Private Keys）"进行加密与解密的操作。主机端要传给客户端（Client）的数据先由公钥加密，然后在网络上传输。到达客户端后，再由私钥将加密的资料解密。经过公钥（Public Key）加密的数据在传输过程中，由于数据本身经过加密，即使这些数据在途中被截取，要破解这些加密的数据，也是需要花费好长一段时间的。

4. SSH 版本

SSH 是由服务器端和客户端的软件组成的，有两个不兼容的版本分别是：1.x 和 2.x。用 SSH 2.x 的客户程序是不能连接到 SSH 1.x 的服务程序上去的。OpenSSH 2.x 同时支持 SSH 1.x 和 2.x。

1）SSH protocol version 1

每一台 SSH 服务器主机都可以用 RSA 加密方式产生一个 1 024bits 的 RSA Key，这个 RSA 的加密方式主要用来产生公钥与私钥。

version 1 的整个联机加密步骤如下：

（1）当每次 SSH Daemon（SSHD）启动时，产生 768bits 的公钥（或称为 Server Key）存放在 Server 中；若有客户端的 SSH 联机需求传送来，Server 将这个公钥传给客户端。

（2）此时，客户端比对该公钥的正确性。比对的方法是利用/etc/ssh/ssh_known_hosts 或/ssh/known_hosts 档案内容。

（3）在客户端接受该 768bits 的 Server Key 后，客户端随机产生 256bits 的私钥（Host

Key），并且以加密方式将 Server Key 与 Host Key 整合成完整的 Key，并将该 Key 传送给 Server。

Server 与客户端在本次联机中以 1 024bits 的 Key 进行数据传递。由于客户端每次都是随机产生 256bits 的 Key，因而本次联机与下次联机的 Key 可能不一样。

2）SSH protocol version 2

在 version 1 的联机中，Server 单纯地接受来自客户端的 Private Key，如果在联机过程中 Private Key 被取得，Cracker 就可能在既有的联机当中插入一些攻击代码，使得联机发生状况。

为了改进这个缺点，在 version 2 中，SSH Server 不再重复产生 Server Key，而是在与客户端建立 Private Key 时，利用 Diffie-Hellman 的演算方式，共同确认来建立 Private Key，然后将该 Private key 与 Public key 组成一组加/解密的金钥。同样，这组金钥也仅是在本次联机中有效。

从此机制可见，由于 Server/Client 两者共同建立了 Private Key，若 Private Key 落入别人手中，Server 端还会确认联机的一致性，使 Cracker 没有机会插入有问题的攻击代码，即 SSH protocol version 2 是比较安全的。

7.2　SSH 常用操作

1. 启动 SSH 服务

在 Linux 系统中，预设含有 SSH 所有需要的套件，包含可以产生密码等的 OpenSSL 套件与 OpenSSH 套件，直接启动即可使用。

以 SSH Daemon（简称 SSHD）为例，手动启动步骤如下：

```
[root@ localhost ~]#/etc/init.d/sshd restart
[root@ localhost ~]#netstat -tlp
Active Internet connections(only servers)
Proto Recv-Q Send-Q Local AddressForeign AddressStatePID/Program name
tcp00*:ssh*:*LISTEN24
```

启动后，利用 netstat 查阅 SSHD 程序是否正确地在 LISTEN 状态即可。这时，SSH 服务器设定值均是系统默认值，能否仅用较为安全的 version 2，需要进一步设定。

如果想开机即启动 SSH，用 chkconfig 命令设定开机时启动即可。

```
[root@ localhost ~]#chkconfig sshd on
```

2. SSH 客户端联机

```
Linux Client:ssh
```

SSH 在客户端使用 SSH 指令，该指令可以指定联机的版本（version1 或 version2），还可以指定非正规的 SSH Port（正规 SSH Port 为 22）。

一般的用法如下：

（1）直接登入到对方主机。

```
[root@ localhost ~]#ssh account@hostname
#范例：
#连接到自己本机上的 SSH 服务
[root@ localhost ~]#ssh dmtsai@localhost
The authenticity of host'localhost(127.0.0.1)'can't be established.
```

```
RSA key fingerprint is f8:ae:67:0e:f0:e0:3e:bb:d9:88:1e:c9:2e:62:22:72.
Are you sure you want to continue connecting(yes/no)? yes
    #务必填入完整的"yes"而不是"Y"或"y"而已。
Warning:Permanently added'localhost'(RSA) to the list of known hosts.
dmtsai@ localhost's password:
Last login:Fri Jul1 14:23:27 2005 from localhost.localdomain
[dmtsai@ linux ~ ] $
[dmtsai@ linux ~ ] $ exit      //输入exit就能够离开对方主机
```

（2）不登入对方主机，直接在对方主机上执行指令。

```
[root@ localhost ~]#ssh dmtsai@ localhost date
dmtsai@ localhost's password:
Tue Nov 22 11:57:27 CST 2005
[root@ localhost ~]#
[root@ localhost ~]#vi ~ /.ssh/known_hosts
localhost ssh - rsa AAAAB3NzaC1yc2Euowireffodjoiwjefmoeiwhoqhwupoi
t[egmlomowimvoiweo6VpTHTw2/tENp4U7Wn8J6nxYWP36YziFgxtWu4MPSKaRmr
E4eUpR1G/zV3TkChRZY5hGUybAreupTVdxCZvJlYvNiejfijoejwiojfijeoiwx 5eRkzvSj7a19vELZ5f8XhzH62E =
```

7.3 SSH 配置文件及参数

SSH 服务的配置文件是/etc/ssh/sshd_confg，其配置参数不多，常规参数及说明如下：

VersionAddendum TecZm - 20050505——在 Telnet IP 22 时只能看出 OpenSSH 的版本，看不出 OS。

Protocol 2——使用协议的版本是 2。

Port 22——SSHD 监听 22 端口。

ListenAddress 192.168.7.1——SSHD 只监听目标 IP 为 192.168.7.1 的请求。

AllowGroups wheel myguest——允许 wheel 组和 myguest 组的用户登录。

AllowUsers teczmauthen@ 192.168.8.5——允许来自以上组的 teczm 用户和 authen 用户登录，且 authen 用户只能从主机 192.168.8.5 上登录。

#DenyGroups——拒绝登录的组，参数设置和 AllowGroups 一样。

#DenyUsers——拒绝登录的用户，参数设置和 AllowUsers 一样。

#AllowTcpForwarding yes——转发的 TCP 包都被允许。默认是 "yes"。

LoginGraceTime 60——60 秒内客户端不能登录即登录超时，SSHD 切断连接。

KeyRegenerationInterval 1800——1 800 秒（30 分钟）后自动重新生成服务器的密匙。

MaxStartups 3——设置同时发生的未验证的并发量，即同时可以有几个未验证情况。

UseDNS no——不使用 DNS 查询客户端。

PermitRootLogin no——不允许 root 登录，root 可由 wheel 组用户登录后 su。

X11Forwarding no——禁止用户运行远程主机上的 X 程序。

UseLogin yes——认证配置（口令认证、PAM 认证、非对称密钥认证三者任选其一）。

口令认证：

PubkeyAuthentication no——不使用非对称密钥认证。

PasswordAuthentication yes——使用口令认证。
PermitEmptyPasswords no——不允许使用空密码的用户登录。
PAM 认证：
PasswordAuthentication no——不使用口令认证。
UsePAM——使用 PAM 认证。
ChallengeResponseAuthentication yes——允许挑战应答方式。
非对称密钥认证：
PasswordAuthentication no——不使用口令认证。
PubkeyAuthentication yes——使用非对称密钥认证。
AuthorizedKeysFile . ssh/authorized_keys——用户认证使用的公钥。

7.4 SSH 项目配置

任务 1

【任务内容】
配置 SSH 服务，提供本地用户远程 SSH 口令登录。
【系统及软件环境】
1. 操作系统：Red Hat AS 5.0
2. 本机服务 IP 地址：10.1.6.250/24
3. 服务器软件包
（1） openssh-4.3p2-16.el5
（2） openssh-askpass-4.3p2-16.el5
（3） openssh-clients-4.3p2-16.el5
（4） openssh-server-4.3p2-16.el5
【实验配置文件】
/etc/ssh/sshd_config
【操作步骤】
1. 查看 SSH 服务器包是否安装
[root@ localhost ssh]# rpm -qa |grep ssh
openssh-4.3p2-16.el5
openssh-askpass-4.3p2-16.el5
openssh-clients-4.3p2-16.el5
openssh-server-4.3p2-16.el5
2. 安装 SSH 服务器软件包（首先需要进入到所在软件包目录）
[root@ localhost RPMS]#rpm -ivh openssh-* --aid --force
warning:openssh-3.9p1-8.RHEL4.1.i386.rpm:V3 DSA signature:NOKEY,key IDdb42a60e
Preparing...###[100%]
1:openssh   ###[20%]
2:openssh-askpass###[40%]
3:openssh-askpass-gnome###[60%]

```
4:openssh-clients###############################################[80%]
5:openssh-server################################################[100%]
```

3. 修改/etc/ssh/sshd_config

（1）默认设置的/etc/ssh/sshd_config 文件（其中#号注释掉的内容未显示）。

```
[root@ localhost ssh]#grep-v"#"/etc/ssh/sshd_config
SyslogFacility AUTHPRIV
PasswordAuthentication yes
ChallengeResponseAuthentication no
GSSAPIAuthentication yes
GSSAPICleanupCredentials yes
UsePAM yes
X11Forwarding yes
Subsystemsftp/usr/libexec/openssh/sftp-server
```

（2）按要求修改后的/etc/ssh/sshd_config 文件（修改处用黑体标明）。

```
Port 22//默认为 22（如果需要，可以修改服务端口号，比如：4444）
Protocol 2//只允许 SSH 2 协议工作，提高安全性
SyslogFacility AUTHPRIV
PermitRootLogin yes//如果不允许 root 用户远端登录，则改为 no
PasswordAuthentication yes
ChallengeResponseAuthentication no
GSSAPIAuthentication yes
GSSAPICleanupCredentials yes
UsePAM yes
X11Forwarding yes
MaxStartups 10//将准备连接的最大允许数设为 10,防止拒绝服务攻击
Subsystemsftp/usr/libexec/openssh/sftp-server
```

4. 重启 SSH 服务，并测试是否启动成功

```
root@ localhost ~]#service sshd restart//或者用 /etc/rc.d/init.d/sshd restart
启动 sshd                    [确定]
停止 sshd                    [确定]
[root@localhost ~]#sshsupsun@10.1.6.250//如果需要指定端口号 4444,则加 -p 4444
The authenticity of host'10.1.6.250(10.1.6.250)'can't be established.
RSA key fingerprint is ef:e0:6a:28:7c:f6:14:b6:fa:56:66:1f:7f:91:42:1c.
Are you sure you want to continue connecting(yes/no)? yes
Warning:Permanently added'10.1.6.250'(RSA) to the list of known hosts.
supsun@10.1.6.250's password:
Last login:SUN Aug1 09:07:05 2010 from 10.1.6.238
[supsun@ localhost ~] $
```

任务 2

【任务内容】

配置 SSH 服务，提供基于密钥的登录方式，要求使用 RSA 加密算法进行加密，实现不需要输入密钥即可远程登录。

【操作步骤】

说明：本任务是在（任务 1）的基础上进行配置的。

1. 生成需要登录的用户

[root@ localhost ~]# useradd testuser

[root@ localhost ~]# passwd testuser

Changing password for user testuser.

NewUNIX password://输入密码 123456

BAD PASSWORD:it is too simplistic/systematic

Retype newUNIX password://输入密码 123456

passwd:all authentication tokens updated successfully.

[root@ localhost ~]#

2. 生成用户密钥对

[root@ localhost ~]#ssh-keygen-t rsa

Generating public/private rsa key pair.

Enter file in which to save the key(/root/.ssh/id_rsa)://此处直接回车

Enter passphrase(empty for no passphrase):

Enter same passphrase again://此处直接回车

Your identification has been saved in/root/.ssh/id_rsa.

Your public key has been saved in/root/.ssh/id_rsa.pub.

The key fingerprint is:

4a:10:42:21:79:3e:2c:73:23:6e:e9:fe:a0:a0:a0:c4 root@localhost.localdomain

[root@ localhost ~]#

3. 拷贝密钥

[root@ localhost ~]#mkdir/home/testuser/.ssh///创建登录用户环境

[root@ localhost ~]#cd ~/.ssh/

[root@ localhost .ssh]#ls

id_rsa id_rsa.pub

[root@ localhost.ssh]#scp id_rsa.pub testuser@10.1.6.250:/home/testuser

The authenticity of host'10.1.6.250(10.1.6.250)'can't be established.

RSA key fingerprint is ef:e0:6a:28:7c:f6:14:b6:fa:56:66:1f:7f:91:42:1c.

Are you sure you want to continue connecting(yes/no)? yes

Warning:Permanently added'10.1.6.250'(RSA) to the list of known hosts.

testuser@10.1.6.250's password://此处输入 testuser 用户的密码 123456

id_rsa.pub100% 408 0.4KB/s 00:00

[root@ localhost .ssh]#cd/home/testuser/

[root@ localhost testuser]#cp id_rsa.pub .ssh/authorized_keys

4. 完成登录测试

[root@ localhost ~]#ssh testuser@ 10.1.6.250   //此处不需要输入密码,直接登录,表示成功

[testuser@ localhost ~]$ w   //查看登录情况

10:22:12 up1:53,4 users,load average:0.00,0.01,0.05

USER TTY FROM LOGIN@ IDLE JCPU PCPU WHAT

root tty1 - 08:40 1:32m 0.05s 0.05s -bash

root pts/0:0.0 08:54 1:15m 0.05s 0.05s bash

supsun pts/1 10.1.6.238 09:07 0.00s 0.53s 0.15s sshd:supsun[p

Testuser pts/2   10.1.6.250   10:22   0.00s 0.05s 0.02s w

[testuser@ localhost ~]$

任务3

【任务内容】

利用第三方软件 PuTTY，在 Windows 下实现 Linux 系统的远程登录。

【软件环境】

PuTTY.exe

【操作步骤】

（1）启动 Windows 客户端软件 PuTTY，输入目标主机的 IP 地址，如图 7-2 所示。

图 7-2　启动 PuTTY

（2）修改登录字体。选择"Window"选项的"Appearance"选项，单击"Font setting"的"Change"按钮，修改字形和大小。如图 7-3 和图 7-4 所示。

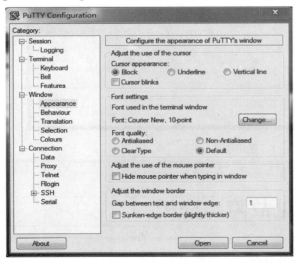

图 7-3　修改登录字体

图 7-4　PuTTY 字体设置

（3）修改登录支持中文字体。选择"Window"选项的"Translation"选项，选择"Received data assumed to be in which character set"的下拉列表，选择"UTF-8"。如图7-5所示。

（4）修改颜色配比，如图7-6所示。

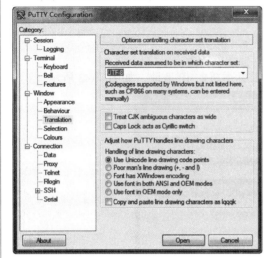

▲图7-5 设置支持中文字体

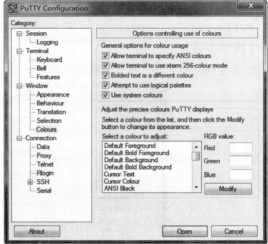

▲图7-6 颜色配比设置

（5）完成设置，用户登录。如图7-7所示。

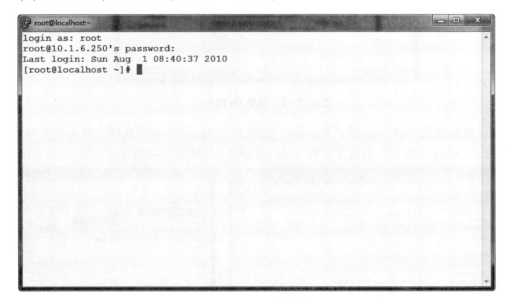

▲图7-7 用户登录

7.5 SSH服务配置常见故障与分析

SSH服务配置过程中可能出现的故障及其解决方法如表7-1所示。

表 7-1 SSH 服务配置常见故障分析

序号	实验故障	分析与解决
1	无法登录	可能是 SSH 服务未启动
2	root 用户无法登录	可能是 PermitRootLogin 参数设为 no
3	远程 SSH 服务器已经启动成功，但无法连接到远程的 SSH 服务器上	远程 SSH 服务器对应主机的防火墙没有关闭，可采用 service iptables stop 命令关闭

7.6 小 结

本项目主要介绍了 Linux 系统的 SSH 服务配置及常用操作，以及如何使用 SSH 实现 Linux 系统与 Windows 系统之间的相互访问、远程登录、网络管理等知识。

7.7 习 题

配置 OpenSSH 服务器，实现以下功能：
(1) 实现本地用户登录。
(2) 使用 RSA 认证，登录系统不需要输入密码。
(3) 禁止 root 用户直接登录系统。
(4) 更改 SSH 监听端口为 2222。

项目八 建立 DHCP 服务器

| 学习目标 |

(1) 掌握 DHCP 概念；
(2) 掌握搭建 DHCP 服务器的方法；
(3) 掌握 DHCP 客户端的配置方法；
(4) 了解 DHCP 的常见故障。

8.1 DHCP 简介

DHCP（Dynamic Host Configuration Protocol，动态主机配置协议）是一个简化的主机 IP 地址分配管理的 TCP/IP 标准协议。DHCP 是 BOOTP 的扩展，基于 C/S 模式，它提供了一种动态指定 IP 地址和配置参数的机制。DHCP 技术通过网络内一台 DHCP 服务器来提供相应的网络配置服务，可以为网络终端设备提供临时的 IP 地址、默认网关、DNS 服务器等网络配置。DHCP 服务器是以地址租约的方式为 DHCP 客户端提供服务的，它有两种方式：限定租期和永久租用。

DHCP 的工作原理如下：

1. 向 DHCP 服务器索取新的 IP 地址

DHCPDISCOVER——DHCP 发现。
DHCPOFFER——DHCP 提供。
DHCPREQUEST——DHCP 请求。
DHCPACK——DHCP 确认。

2. 更新 IP 地址租约

（1）当 DHCP 客户端的 IP 地址使用时间达到租期的一半时，它就会向 DHCP 服务器发送一个 DHCPREQUEST 信息。若服务器在接收到该信息后并没有可拒绝该请求的理由，就会回应一个 DHCPACK 信息。当 DHCP 客户端收到该应答信息后，就重新开始一个租用周期。

（2）当在 IP 地址的续租过程中出现这两种特例中的任意一种时，需要另外处理：

DHCP 客户端重新启动；IP 地址的租期超过租期的一半但续约失败。

8.2 DHCP 服务器常规操作

1. DHCP 服务器的安装

Red Hat Enterprise Linux 5 安装程序默认不安装 DHCP 服务器，使用下面的命令可以检查系统是否已经安装了 DHCP 服务器：

```
rpm -q dhcp
```

如果系统还没有安装 DHCP 服务器，可将 Red Hat Enterprise Linux 5 安装盘放入光驱中，加载光驱后在光盘的 Server 目录下找到 DHCP 服务器的 RPM 安装包 dhcp-3.0.5-13.el5，然后使用下面的命令安装 DHCP 服务器：

```
rpm -ivh/mnt/Server/dhcp-3.0.5-13.el5
```

DHCP 服务的主要配置文件有：

/etc/dhcpd conf//DHCP 配置文件
/usr/share/doc/dhcp-3.0.5/dhcpd.conf.sample//DHCP 配置文件的模板
/var/lib/dhcp/dhcpd.leases//IP 地址分配日志文件

2. DHCP 服务器的操作

1) 启动 DHCP 服务

CP 日志文件 dhcpd start

2) 停止 DHCP 服务

CPrt 文件 dhcpd stop

3) 重新启动 DHCP 服务

CPrt 文件 dhcpd restart
或者# service dhcpd startice

若输出 Starting dhcpd：[OK]，则表示启动成功，再查看/var/log/messages 文件是否有错误。

8.3 DHCP 服务器配置文件

1. DHCP 服务器的主配置文件

DHCP 服务器的主配置文件是/etc 目录下名为 dhcpd.conf 的文件。缺省情况下，该文件不存在，需要手工创建，可用文本编辑器（如 vim）创建。

/etc/dhcpd.conf 文件通常包括三部分：parameters（参数）、declarations（声明）、option（选项）。

（1）parameters（参数）：说明如何执行任务、是否要执行任务，或将哪些网络配置选项发送给客户，主要内容见表 8-1。

表 8 – 1　parameters（参数）

参数	解释
ddns – update – style	配置 DHCP – DNS 互动更新模式
default – lease – time	指定缺省租赁时间的长度，单位是秒
max – lease – time	指定最大租赁时间长度，单位是秒
Hardware	指定网卡接口类型和 MAC 地址
server – name	通知 DHCP 客户服务器名称
get – lease – hostnames flag	检查客户端使用的 IP 地址
fixed – address ip	分配给客户端一个固定的 IP 地址
Authoritative	拒绝不正确的 IP 地址的请求

（2）declarations（声明）：描述网络布局、提供客户的 IP 地址等，主要内容见表 8 – 2。

表 8 – 2　declarations（声明）

声明	解释
shared – network	用来告知是否允许一些子网络分享相同网络
Subnet	描述一个 IP 地址是否属于该子网
range	提供动态分配 IP 的范围
host	参考特别的主机
Group	为一组参数提供声明
allow unknown – clients；deny unknown – client	是否动态分配 IP 给未知的使用者
allow bootp；deny bootp	是否响应激活查询
allow booting；deny booting	是否响应使用者查询
Filename	开始启动的文件名称，应用于无盘工作站
next – server	设置服务器从引导文件中载入主机名，应用于无盘工作站

（3）option（选项）：配置 DHCP 可选参数，全部以 option 关键字开始，主要内容见表 8 – 3。

表 8 – 3　option（选项）

选项	解释
subnet – mask	为客户端设定子网掩码
domain – name	为客户端指明 DNS 名字
domain – name – servers	为客户端指明 DNS 服务器 IP 地址
host – name	为客户端指定主机名称
Routers	为客户端设定默认网关
broadcast – address	为客户端设定广播地址
ntp – server	为客户端设定网络时间服务器 IP 地址
time – offset	为客户端设定和格林尼治时间的偏移量，单位是秒

注意：如果客户端使用 Windows（视窗）系列操作系统，不要选择"host – name"选项，即不要为其指定主机名称。

2. DHCP 服务器的客户租约文件

运行 DHCP 服务器还需要一个名为 dhcpd.leases 的文件,用于保存(记录)所有已经分发出去的 IP 地址。在 Red Hat Linux 发行版本中,该文件在/var/lib/dhcp/目录中,文件内容不需要用户干预。如果在/var/lib/dhcp/目录中没有该文件,用户可手工创建一个以 dhcpd.leases 命名的空文件即可,文件内容由 DHCP 服务器自动添加。

创建该文件的命令:

touch/var/lib/dhcp/dhcpd.leases

dhcpd.leases 文件格式如下:

Leases address{statement}

以下是一个典型的 dhcpd.leases 文件内容:

```
lease 10.1.6.240{#DHCP 服务器分配的 IP 地址#
starts 0 2010/08/01 06:47:41;#lease 开始租约时间#
ends 0 2010/08/01 12:47:41;#lease 结束租约时间#
binding state active;
next binding state free;
hardware ethernet 00:50:56:c0:00:01;#客户端网卡 MAC 地址#
uid"\001\000PV\300\000\001";#用来验证客户端的 UID 标识#
}
```

注意:lease 开始租约时间和 lease 结束租约时间是格林尼治标准时间(GMT),不是本地时间。

8.4 DHCP 客户端的配置

1. DHCP Linux 客户端的配置

配置 Linux 客户端需要修改/etc/sysconfig/network 文件,以启动联网;还需要修改/etc/sysconfig/network – scripts 目录下每个网络设备的配置文件。在该目录下,每个设备都有一个名为 ifcfg – eth?的配置文件。eth?是网络设备名称,如 eth0 等。如果想在引导时启动联网,则 NETWORKING 变量必须被设置为 yes。

/etc/sysconfig/network 文件应包含以下行:

```
NETWORKING = yes
DEVICE = eth0
BOOTPROTO = dhcp
ONBOOT = yes
```

2. DHCP Windows 客户端的配置

DHCP Windows 客户端的配置比较简单,只要在 TCP/IP 属性中选择"自动获得 IP 地址"选项即可。如图 8 – 1 所示。

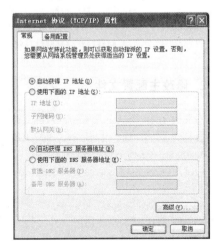

▲图 8 – 1 DHCP Windows 客户端配置

8.5 DHCP 配置项目

【任务内容】

DHCP 服务器配置，需求如下：

（1）为 10.1.6.0/24 网段创建一个 DHCP 服务器。

（2）为 10.1.6.0/24 网段设定的网关为 10.1.6.1，DHCP 服务器为 10.1.6.250。

（3）域名为 supsun.com。

（4）保留主机 admin，其 IP 地址为 10.1.6.168，其 MAC 地址为 00-0c-29-42-1c-2e。

（5）分配的地址段为 10.1.6.10~10.1.6.240。

【系统及软件环境】

1. 操作系统：Red Hat AS 5.0

2. 本机 IP 地址：10.1.6.250/24

3. 服务器软件包

（1）dhcp-3.0.5-3.e15

（2）dhcpv6-0.10-33.e15

（3）dhcpv6_client-0.10-33.e15

（4）dhcp-devel-3.0.5-3.e15

【实验配置文件】

1. /etc/dhcpd.conf

2. /usr/share/doc/dhcp-3.0.5/dhcpd.conf.sample

3. /etc/sysconfig/dhcpd

【操作步骤】

1. 安装 DHCP 服务器包（需要进入到安装光盘目录下）

```
[root@ localhost RPMS]#rpm - ivh - - force dhcp - *
Preparing...###########################################[100%]
 1:dhcp####################################[50%]
 2:dhcp - devel#############################[100%]
```

2. 修改主配置文件

```
[root@ localhost etc]#cp/usr/share/doc/dhcp-3.0.5/dhcpd.conf.sample/etc/dhcpd.conf
[root@ localhost ~ ]#vi/etc/dhcpd.conf
#DHCP Server Configuration file.
#see/usr/share/doc/dhcp*/dhcpd.conf.sample
#
ddns - update - style interim;
ignore client - updates;
subnet 10.1.6.0 netmask 255.255.255.0{
```

```
# - - -default gateway
option routers10.1.6.1;
option subnet - mask255.255.255.0;

option nis - domain"supsun.com";
option domain - name"supsun.com";
option domain - name - servers10.1.6.250;
filename"pxelinux.0";
next - server10.1.6.250;

option time - offset - 18000;#Eastern Standard Time
#option ntp - servers192.168.1.1;
#option netbios - name - servers192.168.1.1;
# - - -Selects point - to - point node(default is hybrid).Don't change this unless
# - - -you understand Netbios very well
#option netbios - node - type 2;
range dynamic - bootp 10.1.6.1010.1.6.240;
default - lease - time 21600;
max - lease - time 43200;

#we want the nameserver to appear at a fixed address
 host admin{
 next - server marvin.redhat.com;
 hardware ethernet 00:0C:29:42:1C:2E;
 fixed - address 10.1.6.168;
 }
}
```

3. 启动 DHCP 服务器，并测试是否启动成功

```
[root@ localhost etc]#vi/etc/sysconfig/dhcpd//编辑该文件,使其内容如下
#Command line options here
DHCPDARGS = "eth0"
[root@ localhost etc]#service dhcpd start
启动 dhcpd                                                    [确定]
[root@ localhost ~]#ps - aux | grep dhcpd
Warning:bad syntax,perhaps a bogus' - '? See/usr/share/doc/procps - 3.2.7/FAQ
root11940.00.1 4124 664 pts/4S + 20:44 0:00 grep dhcpd
root50710.00.2 27601152? Ss 08:49 0:00/usr/sbin/dhcpd
[root@ localhost ~]#netstat - anup |grep:67
udp00 0.0.0.0:670.0.0.0:* 5071/dhcpd
[root@ localhost ~]#
```

4. 测试

1) Windows 客户端

（1）打开网卡属性，设置 IP 地址为自动获得。如图 8-2 所示。

（2）测试获取地址，打开 Windows 的 cmd 终端。如图 8-3 所示。

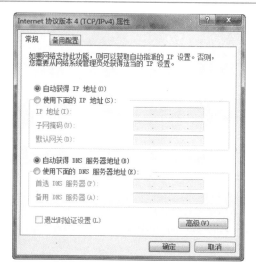

▲图 8-2 设置自动获得 IP 地址

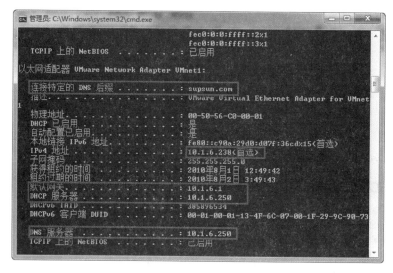

▲图 8-3 测试获取地址

| 8.6 | DHCP 配置常见故障与分析 |

DHCP 配置常见故障如表 8-4 所示。

表 8-4 DHCP 配置常见故障分析

序号	实验故障	分析与解决
1	dhcpd startup failed，无法启动 DHCP 服务	可能是网卡 IP 地址没有设置，没有启动网卡。用命令 setup 或 ifconfig 设置 IP 地址，用 ifconfig 或 ifup 启动网卡

续表

序号	实验故障	分析与解决
2	DHCP 服务启动时，提示 "No subnet declaration for eth0（10.16.250）."	说明 eth0 的 IP 地址不在 DHCP 服务中配置的 subnet 网段中，只要将 eth0 的 IP 地址改为在 subnet 网段中的任何一个 IP 地址即可
3	/etc/dhcpd.conf line 31：semicolon expected.	说明 DHCP 服务的主配置文件的第 31 行出现语法错误
4	DHCP 服务器配置完成，没有语法错误，但是网络中的客户端却无法取得 IP 地址	通常是由 Linux DHCP 服务器没有办法接收来自 255.255.255.255 的 DHCP 客户端的 Request 请求包造成的。DHCP 服务器的网卡没有配置具备 MULTICAST 功能。需要在路由表（Routing Table）里加入 255.255.255.255 以激活 MULTICAST 功能，使用命令 route add – host 255.255.255.255 dev eth0
5	报告错误消息：255.255.255.255：Unkown host	修改 /etc/hosts 文件，加入一行：255.255.255.255 dhcp

8.7 小 结

本项目重点介绍了 DHCP 的功能及配置等知识要点，请读者在搭建 DHCP 服务器时注意分配的 IP 地址跟 DHCP 服务器在同一个网段内，客户端的 IP 地址设置成"DHCP"选项。

8.8 习 题

1. 假设有一台 DHCP 服务器，请按照下面的要求进行配置。

为子网 192.168.1.0/24 建立一个 IP 作用域，并将在 192.168.1.100～192.168.1.200 范围内的 IP 地址动态分配给客户端，设定 DNS 服务器地址为 192.168.1.10，IP 路由器地址为 192.168.1.20，所在的网络域名为 example.com，将这些参数指定给客户端使用。为 MAC 地址为 00 – CC – AA – 12 – 34 – 56 的主机保留 192.168.1.111 这个 IP 地址。配置好 DHCP 服务器后，在客户端上进行自动获取 IP 测试。

2. 分析故障"dhcpd startup failed，无法启动 dhcp 服务"产生的原因，并找到解决办法。

3. 搭建一个 DHCP 服务器，除了第一个地址和最后一个地址外，其余的地址都作为分配地址。

项目九 建立 DNS 服务器

|学习目标|
(1) 了解熟悉 DNS 的概念及重要意义；
(2) 掌握 DNS 正、反向解析；
(3) 掌握搭建 DNS 服务器的方法。

9.1 DNS 介绍

Linux 下架设 DNS 服务器通常是使用 Bind 程序来实现的。Bind 是 Berkeley Internet Name Domain 的简写，它是一款实现 DNS 服务器的开放源码软件。Bind 原本是美国 DARPA 资助伯克里大学（Berkeley）开设的一个研究生课题，后来经过多年的变化发展，已经成为世界上使用最为广泛的 DNS 服务器软件。Bind 是目前世界上使用最为广泛的 DNS 服务器软件，支持各种 UNIX/Linux 平台和 Windows 平台。

1. DNS 的工作原理

DNS（Domain Name System）即域名系统。DNS 的主要功能是将人们易于记忆的 Domain Name（域名）与不容易记忆的 IP 地址进行转换。在 DNS 记录中，除主机名和 IP 地址外，还有一些其他的信息。在网络中执行 DNS 服务的主机称为 DNS 服务器（域名服务器）。DNS 服务器除了可将域名转换成 IP 地址（俗称"正向解析"）外，还可以将 IP 地址转换成域名（俗称"逆向解析"）。

域名系统（DNS）是一种应用于 TCP/IP 应用程序的全球分布式数据库。在 Internet 中，单个站点不能拥有 Internet 上所有的信息。每个站点（如某所大学或者某所公司）保留自己的信息数据库，并提供给 Internet 上的客户进行查询。

DNS 的域是一种分布式的层次结构系统，这种结构类似于 UNIX 文件系统的层次结构，根的名字以空标签（""）表示，并称为根域（root domain）。图 9-1 所示是一个典型的例子。根域的下一级是顶级域。

顶级域有两种划分方法：地理域和通用域。地理域为世界上的每个国家或地区设置，由 ISO-3166 定义。例如，中国是 cn，美国是 us，日本是 jp。通用域是按照机构类别设置的顶级域，主要包括：com（商业组织）、edu（教育机构）等。另外，随着 Internet 的不断发展，新的通用顶级域名也根据实际需要不断被扩充到现有的域名体系中。新增加的通用顶级域名有 biz（商业）、info（信息行业）等。

在顶级域名下还可以根据需要定义次一级的域名，例如，在我国的顶级域名 cn 下设立了 com、net、org、gov、edu 和 ac 等，以及我国各个行政区的字母代表，如 bj 代表北京，sh 代表上海等。

域名空间是指 Internet 上所有主机的主机名组成的空间。每一个主机名及其 IP 地址存储在一台或多台 DNS 服务器中，以便 Internet 中的其他用户可以通过计算机名来搜索相应主机的 IP 地址。一个域（Domain）一般是指整个域名空间的一个子树。

域名空间表示 DNS 这个分布式数据库的逆向树型层次结构，完整的域名包括从树叶节点到根节点的路径，各节点以分隔符"."按顺序连接起来。例如 www.sina.com.cn.，其中，"."代表根域（当"."出现在域名的最右边时，还表示其右边有代表根的空标签""；也可以用最右边的"."来表示根），最后一个"."的右边部分表示顶级域，顶级域的左边部分为二级域，二级域的左边部分为三级域，三级域的左边部分为主机名。具体如图 9-1 所示。

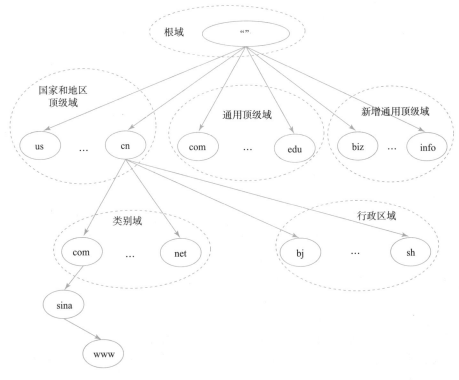

▲图 9-1 域名结构

Internet 上主机的域名和地址解析主要由 DNS 域名服务器完成。DNS 域名空间存在以下几种 DNS 服务器：

（1）根服务器：用"."表示，位于整个域名空间的最上层，主要用来管理根域和顶级域。目前，世界上一共有 13 台计算机作为根服务器。

（2）缓存（Cache-only）域名服务器：在域名系统中，所有的域名服务器都把非它们授权管理的远程域名信息保存在自己的缓存中。遇到域名查询时，首先查找缓存中的记录，如果发现该记录，则把结果返回给客户端；如果没有找到，则按照 DNS 的查找规则进一步查找。缓存服务器只用来缓存 DNS 域的信息，而没有本地的域名数据库，不管理任何域名信息。

（3）主域名（Primary Domain）服务器：每个域都必须有一个主域名服务器。该域的所有 DNS 数据库文件的修改都在这台服务器上进行。主域名服务器管理对其子域的授权，并且对该域中的辅助域名服务器进行周期性的更新和同步。

（4）辅助域名（Secondary Domain）服务器：每个域至少应该有一个辅助域名服务器。辅助域名服务器从相应主域名服务器获得所有域名数据库文件的拷贝，并对所服务的域提供和主域名服务器一样的授权信息。

（5）转发域名服务器：它是主域名服务器和辅助域名服务器的一种变形，负责所有非本地域名的非本地查询。如果在网络中存在一台转发域名服务器，则所有对于非本地域名的查询都将先转发给它，再由转发域名服务器进行域名解析。

许多网络操作系统（Linux、Windows 等）都有一个 hosts 文件。hosts 文件包括域名和 IP 地址的对应信息。当一台计算机需要通过域名定位网络上的另一台计算机时，往往先查看本地 hosts 文件。在 Linux 系统中，hosts 文件在/etc 目录下。

一个典型的 hosts 文件的格式如下：

```
127.0.0.1 localhost localhost.localdomain
192.168.1.1 www www.abc.com.cn
192.168.1.2 ftp ftp.abc.com.cn
```

每一行为一个记录，标识一台计算机。第一列指出 IP 地址，例如 192.168.1.1；从第二列开始指明该 IP 地址对应的计算机名字，一个计算机可以设置多个名字，每个名字之间用空格分隔开。例如，www 和 www.abc.com.cn 都是 IP 地址为 192.168.1.1 的计算机的名字。

以解析 www.abc.com 域名为例，分析域名查询解析过程。

当系统需要调用 www.abc.com 主机的资料时，发送一个查询 www.abc.com 域名的指令。域名查询解析过程如下：

（1）系统中存在一个 hosts 文件，可以用来解析域名。可以在系统中定义查找域名的顺序（先查找 hosts 文件，或先查找 DNS 服务器），一般设置先查找 hosts 文件。如果在 hosts 文件中发现 www.abc.com 的记录，则直接返回结果。

（2）如果 hosts 文件中没有发现记录，则把该查询指令转发到系统指定的域名服务器上，进行 DNS 查询。

（3）域名服务器在自己的缓存中查找相应的域名记录，如果存在该记录，则返回结果；如果没有找到，则把这个查询指令转发到根域名服务器上。

（4）根据递归查询的规则，根域名服务器只能返回顶级域名 com，并把能够解析 com 的域名服务器地址告诉客户端。

（5）根据返回信息，客户端继续向 com 域名服务器发送递归请求，能正确返回 abc.com 域名信息的域名服务器再把相关信息返回给客户端。

（6）客户端再次向 abc.com 的域名服务器发送递归请求，收到请求的服务器再次进行解析；该服务器已经能够把 www.abc.com 域名完全解析成一个 IP 地址，并把这个 IP 地址返回。

2. DNS 的服务资源记录

DNS 的服务管理层次结构允许将整个域名空间的管理任务分成多份，分别由每个子域自行管理。被委托子域有自己的域名服务器,负责维护属于该子域的所有主机信息。父域的域名服务器不保留子域的所有信息,只保留指向子域的指针。父域和子域的实际信息包含在区数据文件(zonefile)中。

父域和子域指域名空间的逻辑分区,区指域名服务器含有的域名空间中某一部分的完整信息。一个域可以有多个区。区数据文件是一套包含某个域内机器信息的文本,其格式是资源记录(resource record),这些记录是主机及其 IP 地址的映射方法。

大部分的资源记录为:Name [TTL] class type data。

其中,Name 是域名;TTL 表示"生存时间",告诉域名服务器隔多长时间更新一次记录;class 说明记录的等级,一般是 IN,表示 Internet 数据;type 指出记录的类型;data 保存资源记录要求的参数。主要的资源记录见表 9 – 1。

表 9 – 1 主要的资源记录

类型	名字	说明
SOA	Start of Authority	存储在某个区数据文件中的信息要应用的域
A	Address	定义主机名到 IP 地址的映射
CNAME	Canonical Name	为主机名定义别名
MX	Mail Exchanger	指定某个主机负责邮件交换
PTR	Pointer	定义逆向的 IP 地址到主机名的映射
TXT	Text	描述某个主机的形式自由的文本串

9.2 Linux 下 DNS 服务常规操作

1. 软件包的安装

Red Hat Linux 的各个版本已经包含了 DNS 服务器的软件 Bind,一般情况下不需要用户另行安装。如果用户需要另行安装新的版本,可以到 Bind 的网站 http://www.bind.com/浏览最新的消息。Bind 是开源的软件,可以去其官方网站下载。

源码软件包:http://www.isc.org/index.pl/sw/bind/。

帮助文档:http://www.isc.org/index.pl/sw/bind/有该软件比较全面的帮助文档。

FAQ:http://www.isc.org/index.pl/sw/bind/回答了该软件的常见问题。

配置文件样例:http://www.bind.com/bind.html 是一些比较标准的配置文件样例。

例如,在官方网站中下载源码软件包 bind – 9.3.1.tar.gz,以下是安装过程中的一些指令:

[root@localhost root]# tar xzvf bind – 9.3.3.tar.gz

[root@localhost root]# cd bind – 9.3.3

[root@localhost bind – 9.3.3]# /configure

[root@localhost bind – 9.3.3]# make

[root@localhost bind – 9.3.3]# make install

其中:

tar xzvf bind – 9.3.3.tar.gz——解压压缩软件包。

/configure——针对机器作安装的检查和设置，大部分工作由计算机自动完成。默认情况下，安装过程不会建立配置文件和一些默认的域名解析文件，但可以从网站（http://www.bind.com/bind.html）上下载一些标准的配置文件，也可以使用本节提供的样例文件。默认情况下，新安装的 deamon（守护程序或守护进程）为/usr/local/sbin/named，默认的主配置文件为/etc/named.conf（如果不存在该文件可以手动创建）。

如果用 Red Hat Linux 系统自带的 Bind，其 deamon 为/etc/rc.d/init.d/named，默认的主配置文件为/etc/named.conf。本书中如无特别说明，所有的例子都以系统自带 deamon 的配置来介绍。

make——编译。

make install——安装。

2. 软件包的功能

Bind——提供了域名服务的主要程序及相关文件。
Bind-utils——提供了对 DNS 服务器的测试工具（如 nslookup、dig 等）。
Bind-chroot——为 Bind 提供一个伪装的根目录以增强安全性。
Caching-nameserver——为配置 Bind 作为缓存域名服务器提供必要的默认配置文件，用以参考。

3. DNS 服务常规操作

启动 DNS 服务：/etc/init.d/named start 或 service named start。
停止 DNS 服务：/etc/init.d/named stop 或 service named stop。
重新启动 DNS 服务：/etc/init.d/named restart 或/etc/rc.d/init.d/named reload。
如果已建立配置文件和域名解析文件，ps aux 可以查到 named 的进程，或用 netstat -an | grep 53 命令可以看到 53 端口的服务已经启动了。

9.3 DNS 配置文件

1. 与 DNS 相关的两个特殊文件

在 Linux 系统中，除了 Bind 的配置文件以外，还有两个与 DNS 解析有关的文件。
1）/etc/resolv.conf
该文件用来指定系统中 DNS 服务器的 IP 地址和一些相关信息。
一般格式如下：

```
search abc.com.cn
nameserver 10.1.6.250
nameserver 192.168.1.254
```

其中：第一行对于未知计算机的域时，默认该计算机属于指定的域。例如，如果要查询计算机 www，则默认它是 abc.com.cn 域的一个成员，即 www 和 www.abc.com.cn 是一样的。第二行和第三行指定系统中域名服务器的 IP 地址，可以为系统指定多个域名服务器。当系统进行域名查询时,首先查找第一台域名服务器,如果第一台域名服务器没有响应,则查找第二台域名服务器。

2)/etc/host.conf

该文件决定进行域名解析时查找 host 文件和 DNS 服务器的顺序。

一般格式如下:

order hosts,bind

2. Bind 的配置文件

Bind 的主配置文件是 etc/named.conf,该文件是文本文件,一般需要手工创建。在 Red Hat Linux 中,也可以在图形界面下配置 DNS 服务器。配置完成后,系统生成相应的配置文件。在 Red Hat AS 5.0 中,安装完相关软件包后,没有直接生成/etc/named.conf 文件,而是生成了 named.caching – nameserver.conf 文件和区域文件/etc/named.rfc1912.zones,需要手动生成/etc/named.conf 文件。

除主配置文件外,/var/named 目录下的所有文件(如 named.ca、named.local 等)都是 DNS 服务器的相关配置文件。

下面详细讲述这些文件的配置。

注意:为方便阅读,"//"后面的中文内容为编者加入的注释。

1)name.conf 文件的配置

以下是一个 named.conf 文件的部分内容:

```
options{
listen - on port 53{127.0.0.1;};//设置 named 服务监听的端口及 IP 地址
listen - on - v6port 53{::1;};
directory"/var/named";//设置区域数据库文件的默认存放位置
dump - file"/var/named/data/cache_dump.db";
statistics - file"/var/named/data/named_stats.txt";
memstatistics - file"/var/named/data/named_mem_stats.txt";
query - sourceport 53;
query - source - v6 port 53;
allow - query{ localhost;};//允许 DNS 查询的客户端
};
logging{
channel default_debug{
file"data/named.run";
severity dynamic;
};
};
view localhost_resolver{
match - clients{ localhost;};
match - destinations{localhost;};
recursion yes;//设置允许递归查询
include"/etc/named rfc1912.zones";
};
```

在以上配置内容中,除了 directory 项通常保留以外,其他的配置项都可以省略;若不指定 listen - on 配置项,named 默认在所有可用的 IP 地址上启动监听服务。服务器处理客户端的 DNS 解析请求时,如果在 named.conf 文件中找不到相匹配的区域,将会向根域服务器或者由 forwarders 项指定的其他 DNS 服务器发送查询请求。

2) 区域配置文件

以下是一个 named.rfc1912.zones 文件的部分内容:

zone"."IN{//定义了根域

type hint;//定义服务器的类型为 hint

file"named.ca";//定义根域的配置文件为 named.ca

};

zone"localdomain" IN{//设置正向 DNS 区域

type master;//设置区域类型

file"localdomain.zone";//设置对应的正向区域地址数据库文件

allow-update{none;};//设置是否允许动态更新客户端(none 为禁止)

};

zone"localhost" IN{

type master;

file"localhost.zone";

allow-update{none;};

};

zone"0.0.127.in-addr.arpa" IN{//设置反向 DNS 区域

type master;

file"named.local";

allow-update{none;};

};

3) 根域配置文件 named.ca

根域配置文件设定根域的域名数据库,包含根域中 13 台 DNS 服务器的信息。几乎所有系统的这个文件都是一样的,用户不需要进行修改,这里不再列出该文件的具体内容。

如果系统中没有该文件,可到 ftp://rs.internic.net/domain/named.cache 或 www.DNS.org 获得最新的文件,复制到/var/named/下即可。

4) 正向域名解析数据库文件

每一个域都有一个对应的正向域名解析数据库文件,这里以/var/named/下的 abc.com.cn.zone 文件为例,讲解这些文件的格式。

以下是 abc.com.cn.zone 文件的格式和注释:

$TTL 86400

@INSOAdns.abc.com.cn. root.dns.abc.com.cn.(

2;serial

28800;refresh

7200;retry

604800;expire

86400;ttl

)

NS dns.abc.com.cn.

MX 10mail.abc.com.cn.

ftpINA10.1.6.250

wwwINA10.1.6.250

在该文件中,第一行是生存时间;第二行是一个 SOA 记录,其中,SOA 是 Start of Authority 的缩写，是每个数据库文件必需的。

"@"——符号是该域的替代符，表示"abc.com.cn"域，该符号也是 named.conf 和数据库文件的连接词。

IN——表示网络的类型，是一个固定的关键字。

SOA——表示这条记录是 SOA 记录。

dns.abc.com.cn.——指定本域的域名服务器，后面以"."结束。

注意：在域名数据库文件中，凡是域名都要以"."结尾。

root.abc.com.cn.——指明该域管理员的邮箱，这里没有用"@"符号而是以"."显示，目的是与文件开始的"@"符号相区别。后面括号中的内容指定了多个选项，按照顺序，其意义分别是：序列号、更新时间、重试时间间隔、过期时间和最小时间间隔（生存时间）。

NS——指定本域的主域名服务器。

MX——指定本域的邮件收发服务器。

ftp、www——定义具体的域名解析记录，称为 A 记录（定义了主机的 IP 地址）。

5）反向域名解析数据库文件

一个反向域名解析数据库文件如下（以/var/named/下的 6.1.10.in-addr.arpa.zone 文件为例）：

```
$TTL 86400
@ IN SOA@ dns.abc.com.cn.root.dns.abc.com.cn.(
3;serial
28800;refresh
7200;retry
604800;expire
86400;ttl
)
@ IN NS dns.abc.com.cn.
250 IN PTR dns.abc.com.cn.
250 IN PTR www.abc.com.cn.
250 IN PTR ftp.abc.com.cn.
```

其中：

SOA 与正向解析数据库文件的格式相同；定义域名解析服务器和邮件服务器的语句格式和正向解析数据库文件的格式相同。

PTR 记录是反向解析数据库文件的特殊格式，用来定义 IP 地址到主机域名的映射。例如，"2 IN PTR www.abc.com.cn."记录定义 IP 地址 10.1.6.250 到域名 www.abc.com.cn 的映射。

除了 named.conf、区域配置文件、named.ca、正向域名解析数据库文件和反向域名解析数据库文件五个配置文件外，/etc/named 目录下的所有文件都是 DNS 的配置文件，但其余的文件一般不需要用户手工修改，这里不再赘述。

DNS 的配置比较复杂，不太好理解。为方便理解，本项目后面有一个图形界面下的配置实例，读者可以在图形环境下按实例要求进行配置后，再将各个 Bind 的配置文件内容打印出来，对照上面的解释来理解，可能会有所帮助。

3. DNS 客户端的配置文件

在 Linux 系统中，DNS 客户端的配置文件是/etc/resolv.conf，该文件记录了 DNS 服务器的地址和域名。

一般格式是：

```
# more/etc/resolv.conf
nameserver 10.1.6.250
domainname abc.com.cn
```

其中，关键字 nameserver 记录该域中 DNS 服务器的 IP 地址，domainname 记录所在域的名称。

4. DNS Windows 客户端的配置

Windows 下 DNS 的配置比较简单。在"网络连接"的"TCP/IP 协议"属性中，设置 DNS 服务器为当前域的 DNS 服务器的 IP 地址即可。如图 9-2 所示。

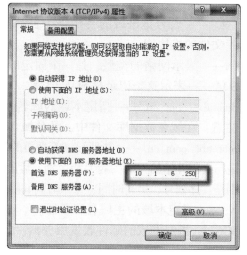

图 9-2　DNS Windows 客户端配置

9.4　DNS 服务的配置实例

【任务内容】

DNS 服务器配置，需求如下：

1. 创建一个主 DNS 正向和反向区域 supsun.com 服务器

要求具有以下记录：

（1）www 服务器主机记录，对应的 IP 地址为 10.1.6.250。

（2）ftp 服务器主机记录，对应的 IP 地址为 10.1.6.250。

（3）mail 服务器主机记录，对应的 IP 地址为 10.1.6.250。

（4）gw 网关主机记录，对应的 IP 地址为 10.1.6.1。

2. 创建三个别名记录

三个别名记录对应 www 服务器的虚拟主机，分别为 vhost1、vhost2、vhost3。

【系统及软件环境】

1. 操作系统：Red Hat AS 5.0
2. 本机服务 IP 地址：10.1.6.250/24
3. 服务器软件包

（1）bind – libs – 9.3.3 – 7.e15

（2）bind – libbind – devel – 9.3.3 – 7.e15

（3）bind – utils – 9.3.3 – 7.e15

（4）bind – sdb – 9.3.3 – 7.e15

（5）bind – chroot – 9.3.3 – 7.e15

（6）ypbind – 1.19 – 7.e15

（7）bind – devel – 9.3.3 – 7.e15

（8）bind – 9.3.3 – 7.e15

项目九 建立 DNS 服务器

（9）caching – nameserver – 9.3.3 – 7.e15

【实验配置文件】

1. /etc/named.caching – nameserver.conf

2. /etc/named.rfc1912.zones

3. /etc/named.conf

4. /var/named/chroot/var/named/localdomain.zone

5. /var/named/chroot/var/named/named.local

6. /var/named/chroot/var/named/supsun.com.zone

7. /var/named/chroot/var/named/6.1.10.zone

8. /etc/resolv.conf

【操作步骤】

（1）查看 DNS 服务器软件包安装情况。如果没有安装，进入第三张光盘安装 Bind 软件包；进入第四张光盘安装 caching – nameserver – 9.3.3 – 7.e15 软件包，此软件包如果不安装，则在/etc 目录下找不到配置文件 named.caching – nameserver.conf 和区域配置文件 named.rfc1912.zones。

```
[root@localhost named]# rpm - qa |grep bind
bind - libs - 9.3.3 - 7.el5
bind - libbind - devel - 9.3.3 - 7.el5
bind - utils - 9.3.3 - 7.el5
bind - sdb - 9.3.3 - 7.el5
bind - chroot - 9.3.3 - 7.el5
ypbind - 1.19 - 7.el5
bind - devel - 9.3.3 - 7.el5
bind - 9.3.3 - 7.el5
[root@localhost named]#rpm - qa |grep caching
caching - nameserver - 9.3.3 - 7.el5
//如果没有安装,进入对应的光盘,用下面命令安装
[root@localhost Server]#rpm - ivh bind* - - aid - - force
warning:bind - 9.3.3 - 7.el5.i386.rpm:Header V3 DSA signature:NOKEY,key ID 37017186
Preparing...###########################################[100%]
 1:bind - libs###########################################[14%]
 2:bind###########################################[29%]
 3:bind - utils###########################################[43%]
 4:bind - chroot###########################################[57%]
 5:bind - devel###########################################[71%]
 6:bind - libbind - devel ###########################################[86%]
 7:bind - sdb###########################################[100%]
 [root@localhost Server]#rpm - ivh caching - nameserver - 9.3.3 - 7.el5.i386.rpm - - aid - - force
 warning:caching - nameserver - 9.3.3 - 7.el5.i386.rpm:Header V3 DSA signature:NOKEY,key ID 37017186
 Preparing...###########################################[100%]
```

（2）生成主配置文件，完成主配置文件的参数配置。

```
[root@localhost Server]#cd /etc
[root@localhost etc]#cp named.caching-nameserver.conf named.conf
[root@localhost etc]#vi /etc/named.conf
options{
listen-on port 53{any;};
listen-on-v6 port 53{::1;};
directory "/var/named";
dump-file "/var/named/data/cache_dump.db";
statistics-file "/var/named/data/named_stats.txt";
memstatistics-file "/var/named/data/named_mem_stats.txt";
query-source port 53;
query-source-v6 port 53;
allow-query{ any;};
forwarders{202.96.134.133;202.96.128.68;};//此处添加的主机地址为解析外网所用的外网DNS服务IP地址
};
logging{
channel default_debug{
file "data/named.run";
severity dynamic;
};
};
view localhost_resolver{
match-clients{any;};
match-destinations{any;};
recursion yes;
include "/etc/named.rfc1912.zones";
};
```

（3）修改区域配置文件，添加本地域名区域。

```
[root@localhost etc]#vi /etc/named.rfc1912.zones
zone "." IN{
type hint;
file "named.ca";
};
zone "localdomain" IN{
type master;
file "localdomain.zone";
allow-update{none;};
};
zone "localhost" IN{
type master;
file "localhost.zone";
allow-update{none;};
};
zone "0.0.127.in-addr.arpa" IN{
type master;
```

```
        file"named.local";
        allow-update{none;};
    };
    zone"0.0.0.0.0.0.0.0.0.0.0.0.0.0.0.0.0.0.0.0.0.0.0.0.0.0.0.0.0.0.0.0.ip6.arpa" IN{
        type master;
        file"named.ip6.local";
        allow-update{none;};
    };
    zone"255.in-addr.arpa" IN{
        type master;
        file"named.broadcast";
        allow-update{none;};
    };
    zone"0.in-addr.arpa" IN{
        type master;
        file"named.zero";
        allow-update{none;};
    };
    zone"supsun.com" IN{//添加自己的正向区域
        type master;
        file"supsun.com.zone";//指定正向区域文件名
        allow-update{none;};
    };
    zone"6.1.10.in-addr.arpa" IN{//添加自己的反向区域
        type master;
        file"6.1.10.zone";//指定反向区域文件名
        allow-update{none;};
    };
```

(4) 生成正向区域文件和反向区域文件。

```
[root@localhost etc]#cd/var/named/chroot/var/named/
[root@localhost named]#ls
datalocalhost.zone named.ca named.localslaves
localdomain.zonenamed.broadcastnamed.ip6.localnamed.zero
[root@localhost named]#cp localdomain.zone supsun.com.zone
[root@localhost named]#cp named.local 6.1.10.zone
```

(5) 完成正向区域配置文件的配置工作，加入相应记录。

```
[root@localhost named]#vi supsun.com.zone
$TTL86400
@ IN SOAdns.supsun.com.root.supsun.com.(
42;serial(d.adams)
3H;refresh
15M;retry
1W;expiry
1D );minimum
```

```
IN NS dns.supsun.com.
IN MX 10 mail.supsun.com.
dns IN A 10.1.6.250
www IN A 10.1.6.250
gw IN A 10.1.6.1
ftp IN A 10.1.6.250
mail IN A 10.1.6.250
localhost IN A 127.0.0.1

vhost1 IN CNAME www.supsun.com.
vhost2 IN CNAME www.supsun.com.
vhost3 IN CNAME www.supsun.com.
```

（6）完成反向区域配置文件的配置工作，加入相应记录。

```
[root@localhost named]# vi 6.1.10.zone
$TTL 86400
@ IN SOA dns.supsun.com. root.supsun.com. (
1997022700 ; Serial
28800 ; Refresh
14400 ; Retry
3600000 ; Expire
86400 ) ; Minimum
IN NS dns.supsun.com.
1 IN PTR gw.supsun.com.
250 IN PTR dns.supsun.com.
250 IN PTR www.supsun.com.
250 IN PTR ftp.supsun.com.
250 IN PTR mail.supsun.com.
```

（7）修改文件属性，关闭防火墙或修改防火墙，使DNS服务能通过防火墙（图9-3）。

```
[root@ localhost named]#ll
总计 88
-rw-r----- 1 root root 603 08-02 17:30 6.1.10.zone
drwxrwx--- 2 named named 4096 08-02 17:32 data
-rw-r----- 1 root named 198 2007-01-17 localdomain.zone
-rw-r----- 1 root named 195 2007-01-17 localhost.zone
-rw-r----- 1 root named 427 2007-01-17 named.broadcast
-rw-r----- 1 root named 2518 2007-01-17 named.ca
-rw-r----- 1 root named 424 2007-01-17 named.ip6.local
-rw-r----- 1 root named 426 2007-01-17 named.local
-rw-r----- 1 root named 427 2007-01-17 named.zero
drwxrwx--- 2 named named 4096 2004-07-27 slaves
-rw-r----- 1 root root 632 08-02 17:23 supsun.com.zone
[root@ localhost named]#chown root.named supsun.com.zone 6.1.10.zone
[root@ localhost named]#setup
```

//进入防火墙配置菜单,选择 SELinux 为"禁用",安全级别选择为"禁用"(图9-4)

▲图9-3 防火墙菜单

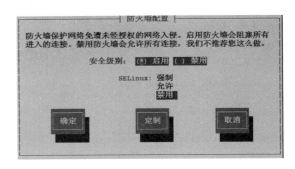
▲图9-4 防火墙设置(1)

//如果安全级别选择为"启用",则需要选择"定制"(图9-5),要求防火墙能通过 DNS 服务

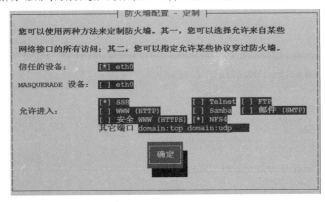
▲图9-5 防火墙设置(2)

//对应防火墙的操作,可以用指令直接关闭
[root@ localhost named]#service iptables stop
清除防火墙规则:[确定]
把 chains 设置为 ACCEPT 策略:filter[确定]
正在卸载 Iiptables 模块:[确定]

(8) 启动 DNS 服务器,并查看服务运行状态,测试域名服务文件的正确性。

[root@ localhost named]#service named start
启动 named:[确定][root@ localhost named]#netstat - antp |grep:53
tcp 00 127.0.0.1:53 0.0.0.0:*LISTEN6211/named
tcp 00::1:53:::* LISTEN6211/named
[root@ localhost named] #named - checkzone supsun.com/var/named/chroot/var/named/supsun.com.zone
zone supsun.com/IN:loaded serial 42
OK
[root@ localhost named]#named - checkzone supsun.com/var/named/chroot/var/named/6.1.10.zone
zone supsun.com/IN:loaded serial 1997022700
OK
[root@ localhost named]#

(9) 测试,通过查看日志文件和使用 nslookup 完成测试。

```
[root@localhost named]#nslookup www.supsun.com
Server:127.0.0.1
Address:127.0.0.1#53

Name:www.supsun.com
Address:10.1.6.250

[root@ localhost named]#nslookup vhost1.supsun.com
Server:127.0.0.1
Address:127.0.0.1#53

vhost1.supsun0com canonical name = www.supsun.com.
Name:www.supsun.com
Address:10.1.6.250

[root@ localhost named]#nslookup gw.supsun.com
Server:127.0.0.1
Address:127.0.0.1#53

Name:gw.supsun.com
Address:10.1.6.1

[root@ localhost named]#nslookup mail.supsun.com
Server:127.0.0.1
Address:127.0.0.1#53

Name:mail.supsun.com
Address:10.1.6.250

[root@ localhost named]#nslookup ftp.supsun.com
Server:127.0.0.1
Address:127.0.0.1# 53

Name:ftp.supsun.com
Address:10.1.6.250

[root@ localhost named]# nslookup 10.1.6.250
Server:127.0.0.1
Address:127.0.0.1# 53

250.6.1.10.in - addr.arpa name = dns.supsun.com.
250.6.1.10.in - addr.arpa name = ftp.supsun.com.
250.6.1.10.in - addr.arpa name = www.supsun.com.
250.6.1.10.in - addr.arpa name = mail.supsun.com.

[root@ localhost named]# nslookup 10.1.6.1
Server:127.0.0.1
Address:127.0.0.1# 53

1.6.1.10.in - addr.arpa name = gw.supsun.com.

[root@ localhost named]#

[root@ localhost named]# host - l supsun.com
supsun.com name server dns. supsun.com.
dns.supsun.com has address 10.1.6.250
ftp.supsun.com has address 10.1.6.250
gw.supsun.com has address 10.1.6.1
```

```
localhost.supsun.com has address 127.0.0.1
mail.supsun.com has address 10.1.6.250
www.supsun.com has address 10.1.6.250

[root@localhost named]# host -t cname vhost1.supsun.com
vhost1.supsun.com is an alias for www.supsun.com.
[root@localhost named]# host -t cname vhost2.supsun.com
vhost2.supsun.com is an alias for www.supsun.com.
[root@localhost named]# host -t cname vhost3.supsun.com
vhost3.supsun.com is an alias forwww.supsun.com.
[root@localhost named]# host -t mx supsun.com
supsun.com mail is handled by 10 mail.supsun.com.
```

9.5 DNS 服务配置常见故障与分析

表 9-2 列出了 DNS 服务配置的常见故障与分析。

表 9-2 DNS 服务配置常见故障

序号	实验故障	分析与解决
1	不能正常启动服务	可能是配置文件当中有语法错误。可以通过 tail/var/log/messages 来查看错误信息，确定错误的原因
2	DNS 服务启动成功，但用 host 命令检测时，解析不成功	（1）可能是/etc/resolv.conf 配置文件没有指定 DNS 服务器的 IP 地址。 （2）可能是/etc/named.conf 配置中的 zone 区域书写错误。 （3）可能是/etc/named.conf 配置中指定的区域数据文件与/var/named 目录下的区域数据库文件不一致。 （4）可能是安装了 bind-chroot 软件包，若安装了此包，区域数据库文件应在/var/named/chroot/var/named 目录中
3	DNS 服务启动成功，但正向解析和反向解析都不成功	可能是我们在生成正向、反向区域文件的时候，没有修改文件的属性，使 root 用户没有权限。具体可以查看/var/log/messages 的信息来确认

在 DNS 服务配置的时候，很容易出错，原因是涉及的配置文件多，多数会出现配置过程中字母错误以及文件名错误。任何输入错误，都会导致配置不成功，服务无法正常运行，而且不会提示语法错误。排除错误比较好的方法是可以查看/var/log/messages 的信息来确认错误的原因。

9.6 小 结

本项目详细介绍了 DNS 服务器在网络管理中的重要性及 DNS 的配置文件和故障处理办法，初学者在配置 DNS 服务时，要注意权限以及/etc/named.conf 文件的设置。

9.7 习题

安装基于 chroot 的 DNS 服务器,并根据以下要求配置主要名称服务器:

(1) 设置根区域并下载根域服务器信息文件 named.ca,建立 xyz.com 主区域,设置允许区域复制的辅域名服务器的地址为 192.168.7.17,建立以下 A 资源记录。

```
dns.xyz.com.IN A 192.168.16.177
www.xyz.com.IN A 192.168.16.9
mail.xyz.com.IN A 192.168.16.178
```

(2) 建立以下别名 CNAME 资源记录。

```
bbsIN CNAME www
```

(3) 建立以下邮件交换器 MX 资源记录。

```
xyz.com.IN MX 10 mail.xyz.com.
```

(4) 建立反向解析区域 16.168.192.in-addr.arpa,并为以上 A 资源记录建立对应的指针 PTR 资源记录。

要求:配置好服务器并进行测试(使用 nslookup 或 ping 进行测试)。

项目十 建立 NFS 与 AUTOFS 服务器

| 学习目标 |

（1）熟悉 NFS 概念及 NFS 配置文件；
（2）掌握搭建 NFS 与 AUTOFS 服务器。

10.1 NFS 的简介

NFS 是 Network File System 的缩写，即网络文件系统。NFS 由 SUN 公司开发，并于 1984 年推出 RPC 服务系统，使用户能够共享文件，而且可以在不同的系统之间共享，因此，它的通信协议设计与主机、操作系统无关。当用户想使用远程文件时，可用"mount"命令把远程文件系统挂接在自己的文件系统之下，使远程文件的使用与本地计算机上的文件一样。

使用 NFS 通常有以下好处：

（1）本地工作站使用更少的磁盘空间，因为通常的数据可以存放在一台机器上而且可以通过网络访问到。

（2）用户不必在每个网络的机器里头都有一个 home 目录。home 目录可以被放在 NFS 服务器上并且在网络上处处可用。

（3）诸如软驱、CDROM 之类的存储设备可以在网络上被别的机器使用，这可以减少整个网络的可移动介质设备的数量。

10.2 NFS 服务的操作

NFS 默认安装在 Red Hat Linux 系统下，由三个程序组成，一起提供 NFS 服务。其中，第一个程序是 rpc.portmaper，负责将 NFS 请求映射到正确的守护进程；第二个程序是 rpc.nfsd，这是一个 NFS 守护进程；第三个程序是 rpc.mountd，用于控制文件系统的装配和卸载。

客户端不需要运行特定的软件，但对于 NFS 和其他程序来说，rpc.portmaper 是比较实用的工具。

注意：Portmapper 程序将远程调用（Remote Procedure Call，简称 RPC）映射到端口，

该程序必须和 RPC 程序一起运行。

例如，把计算机 B 上的/usr/man 挂接到计算机 A 的/usr/man 下，只需执行以下命令即可：
mount B:/usr/man/usr/man

用户不但可以挂接目录，而且可以挂接文件。挂接后，用户只能对文件进行读取（或者写入）操作，不能在远程计算机上把该文件或目录移动或删除。如果挂接/usr/man 后，则不能再挂接/usr/man 底下的目录，否则会发生错误。

安装 NFS 软件需要安装 NFS 和 Pormap 两个服务程序的软件包，具体安装如下：
#rpm - ivh portmap - 4.0 - 65.2.2.1.i386.rpm
#rpm - ivh nfs - utils - 1.0.9 - 16.el5.i386.rpm
#rpm - ivh nfs - utils - lib - 1.0.8 - 7.2.i386.rpm
#rpm - ivh nfs - utils - lib - devel - 1.0.8 - 7.2.i386.rpm

在启动 NFS 服务时，必须启动 NFS 和 Pormap 两个服务，才能支持正常服务：
#service portmap start
#service nfs start

10.3 NFS 服务器的配置文件

NFS 服务器用/etc/exports 文件进行配置，该文件类似于/etc/fstab 文件，可用来为导出的文件系统设置权限。

NFS 服务器可共享的文件或目录记录在/etc/exports 文件中。启动 NFS 服务器时，脚本/etc/rc.d/rc 自动启动 exportfs 程序，搜索/etc/exports 文件是否存在，并且赋正确的权限给所有共享的文件或目录。

只有服务器提供共享的文件或目录，NFS 客户端才能够挂接。同样，启动客户端时，系统自动挂接所有服务器提供共享的目录或文件，挂接所有路径都记录在/etc/fstab 中。当客户端挂接一个目录或文件时，不是复制服务器上该目录或文件到本地计算机上，而是在使用时从服务器上读取文件到本地内存中。因此，可以用 cd 命令进入该挂接到的目录，如同进入本地的目录一样。

1. NFS 服务器的配置

配置 NFS 服务器的一般步骤如下：
（1）确定计算机为 NFS 文件系统的服务器。
（2）对服务器上的硬盘进行分区，确定哪些分区用来作为客户端共享的文件系统，或者指定文件目录或文件作为客户端共享的文件系统。
（3）确定每一台客户端的访问参数（即读/写的权限）。
（4）创建/etc/exports 文件（一般系统都有一个缺省的 exports 文件，可以直接修改；如果没有，则自己创建一个）。
（5）重新启动 NFS 服务器，或用命令 exportfs – a 输出所有的目录，并且用命令 nfsd & 启动 nfsd 守护进程。

exports 文件的格式：
共享目录主机（选项）

以下是一个/etc/exports文件的例子：
/zhang(rw) wang(rw,no_root_squash)
/root/share/10.1.6.0/24(rw,insecure,sync,all_squash)
/home/ljm/*.supsun.com(rw,insecure,sync,all_squash)
/home/share/.supsun.com(ro,sync,all_squash,anonuid=student,anongid=math)

以上示例文件中：

/zhang(rw)wang(rw,no_root_squash) 表示共享服务器上的根目录（/）只有 zhang 和 wang 两台主机可以访问，并且两台主机对该共享目录都有读/写的权限；zhang 主机用 root 身份访问时，将客户端的 root 用户映射成服务器上的匿名用户（root_squash 参数，该参数为缺省参数），相当于在服务器上使用 nobody 用户访问该目录；wang 主机用 root 用户访问该共享目录时，不映射 root 用户（no_root_squash 参数），即相当于在服务器上用 root 身份访问该目录。

/root/share/10.1.6.0/24(rw,insecure,sync,all_squash) 表示共享服务器上的/root/share/目录只有 10.1.6.0/24 网段主机可以访问，并且对该共享目录有读/写权限；10.1.6.0/24 网段主机在用任何身份访问时，将客户端的用户都映射成服务器上的匿名用户（all_squash），相当于在服务器上用 nobody 用户访问该目录。

/home/ljm/*.supsun.com(rw,insecure,sync,all_squash) 表示共享/home/ljm/目录，*.supsun.com 域中所有的主机都可以访问该目录，并且都有读/写的权限，客户端上的任何用户在访问时都将被映射成匿名（nobody）用户（all_squash 参数，该参数为缺省参数）。需要特别说明的是，如果客户端要在该共享目录下保存文件，则服务器上的 nobody 用户对/projects 目录必须要有写的权限。

/home/share/.supsun.com(ro,sync,all_squash,anonuid=student,anongid=math) 表示共享/home/share/目录，*.supsun.com 域中的所有主机都可以访问，但只有只读的权限。所有用户都将被映射成服务器上的 UID 为 student、GID 为 math 的用户。

配置文件的格式为：

[共享的目录][主机名1或IP1（参数1，参数2）][主机名2或IP2（参数3，参数4）]

/etc/exports 文件中一些选项的含义见表 10-1 所示。

表 10-1 /etc/exports 文件选项含义

选项	说明
ro	只读访问
rw	读/写访问
sync	同步读/写
async	异步读/写
secure	NFS 通过 1024 以下的安全 TCP/IP 端口发送
insecure	NFS 通过 1024 以上的端口发送
wdelay	如果多个用户要写入 NFS 目录，则归组写入（默认）
no_wdelay	如果多个用户要写入 NFS 目录，则立即写入；当使用 async 时，无须此设置
hide	在 NFS 共享目录下不共享其子目录

续表

选项	说明
no_hide	共享 NFS 目录的子目录
subtree_check	如果共享/usr/bin 之类的子目录时,强制 NFS 检查父目录的权限(默认)
no_subtree_check	和上面相对,不检查父目录权限
all_squash	共享文件的 UID 和 GID 映射匿名用户 anonymous,适合公用目录
no_all_squash	保留共享文件的 UID 和 GID(默认)
root_squash	root 用户的所有请求映射成如 anonymous 用户一样的权限(默认)
no_root_squas	root 用户具有根目录的完全管理访问权限
anonuid = xxx	指定 NFS 服务器/etc/passwd 文件中匿名用户的 UID
anongid = xxx	指定 NFS 服务器/etc/passwd 文件中匿名用户的 GID

2. NFS 客户端的配置

配置 NFS 客户端的步骤如下:
(1) 编辑/etc/fstab 文件,确定要挂接的路径都在 fstab 中。
(2) 根据 fstab 设置的内容,在客户端上设置挂接点(mount point)。
(3) 确定要挂接的路径都会出现在/etc/exports 文件中。
(4) 执行 mount 命令连接 server 上的共享目录(mount – a)。如果只是临时使用,可以直接执行 mount 命令:

mount servername:共享目录本地目录

例如:

mount 10.1.6.250:/share/mnt

该命令将 10.1.6.250 上的/share 目录挂接到本地的/mnt 目录。

注意:服务器端必须要先设置共享该目录。

以下是/etc/fstab 文件的例子:

10.1.6.250:/home/joe/mnt nfs rw 0 0

注意:10.1.6.250 是 NFS 服务器的 IP 地址,/home/joe 是服务器上的共享目录,该命令的意思是,将服务器 10.1.6.250 上的共享目录/home/joe 挂接到客户端本地的/mnt 目录中。

10.4 AUTOFS 的简介

AUTOFS 服务自动挂载各种文件系统。mount 是用来挂载文件系统的,可以在启动的时候挂载,也可以在启动后挂载。对于本地固定设备,如硬盘可以使用 mount 挂载,而光盘、软盘、NFS、SMB 等文件系统具有动态性,可在需要的时候挂载。光驱和软盘我们一般知道什么时候需要挂载,但 NFS、SMB 等就不一定知道了,即我们一般不能及时知道 NFS 和 SMB 什么时候可以挂载,而 AUTOFS 服务就提供这种功能,好比 Windows 中的光驱自动打开功能，能够及时挂载动态加载的文件系统，免去我们手动挂载的麻烦。

AUTOFS 服务的安装包为 autofs – 5.0.1 – 0.rc2.42.i386.rpm，其安装方法和其他安装包的安装方法一样，使用 rpm – ivh autofs – 5.0.1 – 0.rc2.42.i386.rpm 完成服务软件包的安装。

AUTOFS 服务配置文件为/etc/auto.master，下面就给出配置的方法。

1. 修改/etc/auto.master，设置挂载点

格式如下：
挂载集群点配置文件
举例：
/mnt/etc/auto.misc;　　(/etc/auto.misc 中配置挂载项挂载在/mnt 下)
/mnt/net/etc/auto.net;　(/etc/auto.net 中配置挂载项挂载在/mnt/net 下)

2. 配置文件的设置

配置文件用来设置需要挂载的文件系统，每行为一个文件系统，如果一行写不完，可以用"/"换行。格式如下：
相对挂载点 挂载参数 文件系统位置
各种文件系统的挂载实例如下（这里以/etc/auto.misc 为例）：
```
nfs - ro,soft,intr 172.16.0.3:/pub/syd168(可以使用域名)
cd - fstype = iso9660,iocharset = cp936,ro:/dev/cdrom
fd - fstype = vfat:/dev/fd0
win - fstype = smbfs://10.8.22.18/syd168
local - fstype = ext3:/dev/hda1
```
说明：
以上的挂载分别挂载的是 nfs、cdrom、floppy、windows 共享、本地分区。挂载成功后，访问的位置分别是：/mnt/nfs、/mnt/cd、/mnt/fd、/mnt/win、/mnt/local。
对于包含账户密码的 nfs 的挂载和对于包含账户密码的 smb 的挂载在这里省略不讲解。

3. 启动 AUTOFS 服务

完成以上两项设置后，需要配置 AUTOFS 服务。默认 AUTOFS 是启动的，但保险起见，建议执行以下两句：
```
#chkconfig autofs on(RH 中默认是启动的)
#service autofs start
```

4. 访问挂载文件系统

`#cd/misc/相对挂载点`

5. 挂载文件系统的卸载

`#umount/misc/相对挂载点`

10.5 NFS 与 AUTOFS 服务器配置实例

【任务内容】

NFS 与 AUTOFS 服务器配置，需求如下：

（1）建立目录/nfs/public，实现 NFS 服务共享，允许所有 10.1.6.0 网段的用户都可以读/写，其他用户为只读。

（2）建立目录/nfs/tech，实现 NFS 服务共享，允许 10.1.6.238 的用户进行读/写，10.1.6.0 网段的其他用户为只读。

（3）建立目录/nfs/test，实现 NFS 服务共享，supsun.com 域中的用户为只读，并且不将 root 用户映射到匿名用户。

（4）设置系统在运行级别分别为 3、5 时，NFS 服务自动启动。

（5）除可以手工挂载以外，实现 AUTOFS 动态挂载；如果 30 秒不用，则自动卸载。

【系统及软件环境】

1. 操作系统：Red Hat AS 5.0
2. 本机服务 IP 地址：10.1.6.250/24
3. 服务器软件包

（1） nfs – utils – 1.0.9 – 16.el5.i386.rpm

（2） nfs – utils – lib – 1.0.8 – 7.2.i386.rpm

（3） nfs – utils – lib – devel – 1.0.8 – 7.2.i386.rpm

（4） system – config – nfs – 1.3.23 – 1.el5.noarch.rpm

（5） portmap – 4.0 – 65.2.2.1.i386.rpm

（6） autofs – 5.0.1 – 0.rc2.42.i386.rpm

（7） quota – 3.13 – 1.2.3.2.el5.i386.rpm

【实验配置文件】

1. /etc/exports

2. /etc/auto.master

【操作步骤】

（1）查看 NFS 服务包和 AUTOFS 服务包是否安装，完成软件包的安装。

```
[root@localhost Server]#rpm - qa |grep nfs
nfs - utils - 1.0.9 - 16.el5
system - config - nfs - 1.3.23 - 1.el5
nfs - utils - lib - 1.0.8 - 7.2
[root@localhost Server]#rpm - qa |grep portmap
portmap - 4.0 - 65.2.2.1
[root@localhost Server]#rpm - qa |grep autofs
autofs - 5.0.1 - 0.rc2.42
[root@localhost Server]#
```

（2）创建目录。

```
[root@localhost Server]# mkdir -p/nfs/public
[root@localhost Server]# mkdir/nfs/tech
[root@localhost Server]# mkdir/nfs/test
```

（3）修改/etc/exports 配置文件。

```
[root@localhost Server]#cd/etc
[root@localhost etc]#vi/etc/exports
/nfs/public 10.1.6.0/24(rw)*(ro)
/nfs/tech10.1.6.0.238(rw)10.1.6.0.*(ro)
/nfs/test*.supsun.com(ro,no_root_squash)
```

（4）添加系统在运行级别分别为 3、5 时，NFS 服务自动启动服务。

```
[root@localhost etc]#chkconfig --level 35 portmap on
[root@localhost etc]#chkconfig --level 35 nfs on
[root@localhost etc]#chkconfig --level 35 autofs on
[root@localhost etc]#service portmap start
启动 portmap:[确定]
[root@localhost etc]#service nfs start
启动 NFS 服务:[确定]
关掉 NFS 配额:[确定]
启动 NFS 守护进程:[确定]
启动 NFS mountd:[确定]
[root@localhost etc]#
```

（5）测试。

测试 NFS 服务功能是否成功，可以用 showmount 命令测试 NFS 服务器的输出目录状态，也可直接以客户端连接上 NFS 服务器的方式来测试 NFS 服务功能是否成功。

下面先以 showmount 命令来测试。

```
[root@localhost etc]# showmount -e 10.1.6.250
Export list for 10.1.6.250:
/nfs/test*.supsun.com
/nfs/tech 10.1.6.*,10.1.6.238
/nfs/public(everyone)
[root@ localhost etc]#
```

下面直接以客户端连接来进行测试，并测试设置的权限。

```
[root@localhost etc]#mount -t nfs 10.1.6.250:/nfs/public/mnt
[root@localhost etc]#cd/mnt
[root@localhost mnt]#ls
[root@localhost mnt]#touch test.file
touch:无法触碰 test.file:权限不够
```

（6）配置 AUTOFS 服务的配置文件 auto.master。指定挂载目录、具体配置文件、自动卸载时间（要求为 30 秒）。

```
[root@localhost etc]# vi/etc/auto.master
/mnt/etc/auto.nfs --timeout=30
```

```
[root@localhost etc]# vi/etc/auto.nfs
test - rw,soft,rsize=8192,wsize=819210.1.6.250:/nfs/test
tech - rw,soft,rsize=8192,wsize=819210.1.6.250:/nfs/tech
public - rw,soft,rsize=8192,wsize=819210.1.6.250:/nfs/public
[root@localhost etc]#
```

（7）启动 AUTOFS 服务，完成测试。

```
[root@localhost etc]#service autofs restart
停止 automount:[确定]
启动 automount:[确定]
[root@localhost etc]#mount //查看挂载情况
/dev/mapper/VolGroup00 - LogVol00 on/type ext3(rw)
proc on/proc type proc(rw)
sysfs on/sys type sysfs(rw)
devpts on/dev/pts type devpts(rw,gid=5,mode=620)
/dev/sda1 on/boot type ext3(rw)
tmpfs on/dev/shm type tmpfs(rw)
none on/proc/sys/fs/binfmt_misc type binfmt_misc(rw)
sunrpc on/var/lib/nfs/rpc_pipefs type rpc_pipefs(rw)
nfsd on/proc/fs/nfsd type nfsd(rw)
[root@localhost etc]#cd/mnt/public//public 在/mnt 目录中是不存在的,是
在 auto.nfs 配置文件中配置的虚拟目录
[root@localhost public]#mount //查看挂载情况
/dev/mapper/VolGroup00 - LogVol00 on/ type ext3(rw)
proc on/proc type proc(rw)
sysfs on/sys type sysfs(rw)
devpts on/dev/pts type devpts(rw,gid=5,mode=620)
/dev/sda1 on/boot type ext3(rw)
tmpfs on/dev/shm type tmpfs(rw)
none on/proc/sys/fs/binfmt_misc type binfmt_misc(rw)
sunrpc on/var/lib/nfs/rpc_pipefs type rpc_pipefs(rw)
nfsd on/proc/fs/nfsd type nfsd(rw)
/nfs/public on/mnt/public type none(rw,bind)
[root@localhost public]#date //查看当前时间
2010 年 08 月 07 日星期六 19:15:40 CST
[root@localhost public]#cd/ //退出 AUTOFS 挂载目录,进入休闲状态
[root@localhost public]#date //过 30 秒后,查看当前时间
2010 年 08 月 07 日星期六 19:16:20 CST
[root@localhost/]#mount //查看挂载状态,挂载目录已经自动卸载
/dev/mapper/VolGroup00 - LogVol00 on/ type ext3(rw)
proc on/proc type proc(rw)
sysfs on/sys type sysfs(rw)
devpts on/dev/pts type devpts(rw,gid=5,mode=620)
/dev/sda1 on/boot type ext3(rw)
tmpfs on/dev/shm type tmpfs(rw)
none on/proc/sys/fs/binfmt_misc type binfmt_misc(rw)
```

```
sunrpc on/var/lib/nfs/rpc_pipefs type rpc_pipefs(rw)
nfsd on/proc/fs/nfsd type nfsd(rw)
```

10.6 NFS 与 AUTOFS 服务器配置常见故障与分析

表 10-2 列出了 NFS 与 AUTOFS 服务配置的常见故障与分析。

表 10-2 常见故障与分析

序号	实验故障	分析与解决
1	使用 mount 命令连接 NFS 服务器共享目录很久没有响应，NFS 服务正常	portmap 服务没有打开，用户可以使用 service portmap start 命令启动
2	在本地使用 mount 命令连接 NFS 服务器共享时成功，但在其他客户端使用 mount 命令连接时不成功	可能防火墙没有关闭，可使用命令 service iptables stop 关闭
3	挂载提示 mount clntudp_create:RPC:Program not registered	NFS 没有启动起来，可以用 showmout -e host 命令来检查 NFS 服务是否正常启动
4	挂载提示 mount:localhost:/home/test failed, reason given by server:Permission denied	意思是说本机没有权限访问 mount nfs server 的目录，解决方法是修改 NFS 服务器配置文件

10.7 小 结

本项目详细地介绍了 NFS 概念、网络文件服务的配置及 NFS 与 AUTOFS 服务器配置常见故障分析和处理。

10.8 习 题

1. NFS 与 AUTOFS 服务器配置需要的系统及软件环境是什么？
2. 搭建一个 NFS 服务器，权限为只读。

项目十一 建立 SMB 服务器

|学习目标|

(1) 掌握 SMB 概念及其在网络服务中的重要性；
(2) 掌握如何搭建 SMB 服务器及注意事项。

11.1 Samba 服务简介

1. SMB 协议

Windows 主机间可以利用"网上邻居"访问共享资源，当用户在"网上邻居"里浏览时，用的就是 SMB 协议。所谓 SMB（Server Message Block）即服务器信息块，可在 Linux、OS/2、Windows 等操作系统和 Windows for Workgroups 等计算机之间使用，提供多项服务的网络通信协议。SMB 是一种 Client/Server 协议，SMB 客户端可以使用多种通信协议与 SMB 服务器连接，如 TCP/IP、NETBEUI 或 IPX/SPX。客户端建立连接后，传送 SMB 命令到服务器，服务器则使客户端能访问共享设备、打开共享文件、读/写共享文件等。SMB 模型定义了两种安全级别，分别是共享级（Share Level）和用户级（User Level）。在共享级安全模式中，保护服务器的共享级被采用，每个共享都有口令，客户端只需要该口令就能访问共享的所有文件。在用户级安全模式中，保护在每个共享文件和用户访问为基础的单独文件中采用，每个客户端必须登录服务器，并且要得到服务器的确认，一旦确认，一个用户标识（UID）就给予客户端，在以后访问服务器时必须出示。

计算机网络的发展，要求实现不同操作系统的文件和打印共享。用过 Windows 的用户都知道，网上邻居是一个可以方便地访问其他 Windows 计算机资源的共享方式。为了使 Windows 用户以及 Linux 用户能够互相访问彼此的资源，Linux 提供了一套资源共享的软件——Samba。

2. Samba 简介

一般在公司或企业里，可能同时有 Windows 和 Linux 操作系统的主机。Windows 主机间可利用"网上邻居"来访问共享的资源，NFS 也能使 Linux 主机之间实现资源共享。但如何实现 Windows 主机和 Linux 主机之间的资源共享呢？

Samba 是一种在 UNIX 平台上运行的服务器软件，安装后使 UNIX 或 Linux 操作系统能够理解 SMB 通信协议，通过它就能够实现 Windows 主机和 Linux 主机间的资源共享。通过 Samba，可以使 Windows 95、Windows 98、Windows 2000 或 Windows NT 共享 Linux 文件系统，也可以使 Linux 共享 Windows 95、Windows 98、Windows 2000 或 Windows NT FAT 文件系统，也可以共享连接到 Linux 或者 Windows 95、Windows 98、Windows 2000 或 Windows NT 系统的打印机。

由于 SMB 通信协议采用的是 Client/Server 架构，所以 Samba 软件可以分为客户端和服务器两部分。通过执行 Samba 客户端程序，Linux 主机便可以使用网络上 Windows 主机所共享的资源；而在 Linux 主机上安装 Samba 服务器，则可以使 Windows 主机访问 Samba 服务器共享的资源。

Samba 提供了以下功能：
（1）共享 Linux 的文件系统。
（2）共享安装在 Samba 服务器上的打印机。
（3）使用 Windows 系统共享的文件和打印机。
（4）支持 Windows 域控制器和 Windows 成员服务器对使用 Samba 资源的用户进行认证。
（5）支持 WINS 名字服务器解析及浏览。
（6）支持 SSL 安全套接层协议。

11.2　Samba 服务的常规操作

Samba 软件安装在 Linux 系统中。用户可以在 http://www.samba.org/站点获得 Samba 的详细信息；同时，也可以在上述网页上下载 Samba 的最新版本。

1. 安装 Samba 服务器

Linux 安装时，可以选择是否安装 Samba。如果在安装 Linux 时没有安装 Samba，也可以手动安装。Samba 服务器文件是存放在第一张光盘的/RedHat/RPMS 目录下的 samba-3.0.23c-2.i386.rpm 文件。输入下面的命令，系统将会自动完成 Samba 服务器的安装。

    [root@ smb_server root]#rpm - ivh samba - 3.0.23c - 2.i386.rpm

安装 Samba 服务器，可以使 Windows 主机访问 Samba 服务器共享的资源。如果需要使 Linux 主机访问 Windows 主机上的共享资源，则还应该安装 Samba 客户端程序。输入下面的命令，系统将会自动完成 Samba 客户端的安装。

    [root@ smb_server root]#rpm - ivh samba - client - 2.2.7a - 8.9.0.i386.rpm

通过下列命令可以确定是否已安装 Samba 服务器：

    [root@ smb_server root]#rpm - qa |grepsamba

若出现这 5 个软件包，则表示已经安装了 Samba：
（1）samba - 3.0.23c - 2.rpm
（2）samba - client - 3.0.23c - 2.rpm
（3）samba - swat - 3.0.23c - 2.rpm
（4）system - config - samba - 1.2.39 - 1.e15.rpm
（5）samba - common - 3.0.23c - 2.rpm

2. Samba 服务器的操作

安装 Samba 服务器后，可以通过下列方式启动：

[root@ smb_server root]#/etc/rc.d/init.d/smb start//或者用#service smb start

如果出现下面的显示，就表示启动成功。

StartingSMBservice[确定]

StartingNMBservice[确定]

如果要暂停或重新启动 Samba 服务器，只要将上面命令中的 start 改为 stop 或 restart 就可以了。

如果 Linux 服务器中包含许多共享资源，而且客户端一般使用的是 Windows 系统，则应该在启动 Linux 服务器时自动启动 Samba 服务器，这样不仅可以节省每次手动启动的时间，而且还可以避免没有启动而导致服务器停止服务的状况，其使用命令为#chkconfig – level 35 on。

3. smbclient 命令

Samba 提供了一个类似于 FTP 客户程序的 Samba 客户程序 smbclient，用来访问 Windows 共享文件或 Linux 提供的 Samba 共享文件，这对于没有 FTP 软件的 Windows 系统来说是非常有用的。

在 Linux 计算机上，运行以下命令：

[root@ smb_sever root]#smbclient – Lwin//win 为已知的主机名

或者：

[root@ smb_sever root]#smbclient – L10.1.6.250// – L 后接 NetBios 名或 IP 地址,要求列表输出

执行完毕，将在 Linux 计算机上列表显示 win 所提供的所有共享信息。

在 Linux 计算机上，执行以下命令：

[root@ smb_sever root] #smbclient //win(或 IP 地址)/share – Ufred

// – U 选项指定希望用于连接的用户名

其中 fred 是 Windows 计算机上的用户。执行完毕，系统会提示输入 fred 的密码。输入正确后，系统提示：

smb: >

此时，就可以像使用 FTP 一样使用 smbclient。

smbclient 是 Samba 客户端工具的核心，但它并不是一流的，却是其他客户端工具的基础，其他客户端工具都通过 Shell 脚本来调用 smbclient。

4. smbmount 命令

为了更方便地使用共享资源，可以利用 smbmount 命令将一个 Samba 共享资源加载为本地目录。方法如下：

[root@smb_sever root] #mkdir – p/mnt/smb/win_share//先创建挂载点目录

[root@smb_sever root] # smbmount/win/share/mnt/smb/win_share//将远程共享/win/share 挂载到本地目录/mnt/smb/win_share

一旦挂载成功，共享资源就与其他 Linux 目录一样，可以使用标准 Linux 命令操作这些文件。若要卸载已挂载的目录，则执行 umount 命令即可。

[root@ smb_sever root]#umount/mnt/smb/win_share

11.3 Samba 服务的配置文件

1. Samba 的全局参数的配置

Samba 最主要的配置文件是 smb.conf，其中有很多选项可以设置，但作为初学者，只需要掌握其中一小部分选项的设置就可以配置所需要的 Samba 服务器了。在了解基本配置的基础上，就能很快架设一个基本的 Samba 服务器。在基本配置文件中，也只用到了其中一小部分命令选项。

smb.conf 文件主要由两部分组成：Global Settings 和 Share Definitions。开始设置前，必须了解下面几点：

（1）smb.conf 文件中的任何一行，用";"或"#"开头的部分都表示注释。

（2）文件中以"#"开头的部分指的是说明，而以";"开头的部分则表示暂停使用但可以根据需要启动的选项。

（3）修改任何设置后，应运行 testparm 命令来检查语法是否有错误。

[global] 中出现的设置选项都与 Samba 整体环境有关，适用于每个共享目录。[global] 段用来设置所有的全局配置选项和缺省的服务设置，没有出现（或被注释）的参数，Samba 采用的是默认配置。

```
[global]
```
#这是配置文件中关于全局参数的设置部分。
……
```
workgroup = MYGROUP
```
#设置服务器所要加入的工作组的名称，即在 Windows 的网上邻居中能看到的工作组名，默认为"MYGROUP"。这里设置的名称不区分大小写。
```
netbios name = smb-server
```
#设置出现在网上邻居中的主机名。默认情况下，使用真正的主机名。
```
server string = Samba Server
```
#设置服务器主机的说明信息，在 Windows 的网上邻居中打开 Samba 设置的工作组时，在 Windows 的资源管理器窗口，会列出"名称"和"备注"栏，其中"名称"栏会显示 NetBios 名称，而"备注"栏则显示此处设置的"Samba Server"。建议输入有关服务器的简要说明，以便客户端的识别。
```
hosts allow = 10.1.6.127
```
#设置允许什么样的 IP 地址的主机访问 Samba 服务器，如果设置的项目超过一个，必须用逗号、空格或 Tab 键分隔。默认的情况下，hosts allow 选项被注释，表示允许所有 IP 地址的主机访问。
```
;guest account = pcguest
```
#默认状态下不应用，可用来设置 guest 账户。设置的 guest 账户名必需添加到/etc/passwd 文件中去。如未指定则 Samba 服务器会以"nobody"账户处理。
```
log file = /var/log/samba/%m.log
```
#要求 Samba 服务器为每一个连接的机器建立一个单独的记录文件，默认的保存目录为/var/log/samba。Samba 会自动将%m 转换成连接主机的 NetBios 名。

```
max log size = 0
```
　　#指定记录文件的最大容量（以 KB 为单位），设置为 0，表示不作任何限制。
```
max disk size = 1000
```
　　#设置能够共享的最大磁盘空间，单位为 MB，默认值为 0，表示不作任何限制。
```
max open file = 100
```
　　#设置同一客户端最多能打开文件的数目，默认值为 10 000 个。
```
security = user
```
　　#设置 Samba 服务器的安全等级。默认值是 user。Samba 服务器一共有四种安全等级。
　　share——使用此等级，用户不需要账号及密码就可以登录 Samba 服务器。
　　user——使用此等级，由提供服务的 Samba 服务器检查用户账号及密码。
　　server——使用此等级，检查账号及密码的工作可指定另一台 Samba 服务器负责。
　　domain——使用此等级，需要指定一台 Windows NT/2000/XP 服务器（通常为域控制器），以验证用户输入的账号及密码。
```
;password server = <NT-Server-Name>
```
　　#默认状态下不应用。如果安全等级为 server 或 domain，则使用此选项指定要验证密码的主机名。
```
;password level = 8
;username level = 8
```
　　#默认状态下不应用。设置当验证用户口令和账号时最多允许几个大小写字不同。默认值为 0。
```
encrypt passwords = yes
```
　　#设置是否指定用户密码以加密的形式传送给 Samba 服务器。客户的操作系统如果是 Windows 95 OSR2 及 Windows NT SP3 以后的版本，应该将此选项的值设为 yes。默认值为 yes。
```
smb passwd file = /etc/samba/smbpasswd
```
　　#设置在 Samba 服务器上存放加密的密码文件的位置（注意：Samba 服务器与 Linux 采用不同的密码文件）。由于目前该文件并不存在，所以应自行创建密码文件。这部分内容将在下面介绍。

2. Samba 配置文件测试

　　设置好 smb.conf 文件之后，为了避免发生错误，可以使用 Samba 包含的工具 testparm 来测试语法设置是否正确。如果设置时的语法都正确，在运行 testparm 程序时就会出现下面的内容：
```
[root@ smb_serverroot]#testparm
Load smb config files from/etc/samba/smb.conf
Processing section"[homes]"
Processing section"[printers]"
Processing section"[tmp]"
Processing section"[public]"
Processing section"[fredsdir]"
Loaded services file OK.
Press enter to see a dump of your service definitions      //检查正确后,一定要执行
[root@ smb_serverroot]#service smbrestart
```
　　重新启动 Samba 服务器，才能使设置生效。此时，在 Windows 客户端的网上邻居中，就会出现安装了 Samba 的 Linux 服务器。

3. 设置 Samba 用户访问密码和密码文件

完成了 Samba 基本设置以后，在 Windows 客户端的网上邻居中就可以看到 Samba 服务器了。如果在配置 smb.conf 文件时，将"security"选项设为"share"，那么现在就可以通过网上邻居启动 Samba 服务器。但如果"security"选项被设为"user""server"或者是"domain"，那么系统就会要求进行身份验证。

然而，在验证身份的窗口中，即使输入的是正确的 Linux 账号和密码，仍然无法进入 Samba 服务器。为什么会出现这种情况？这是因为 Samba 服务器与 Linux 系统使用的密码文件不同，因此无法以 Linux 系统上的账号、密码登录 Samba 服务器。解决方法就是要自行创建先前在"smb passwd file"中指定的 Samba 密码文件。

smb.conf 文件中有"smb password file = /ect/samba/smbpassword"一行设置项，现在就要创建该设置项所指定的 /ect/samba/smbpassword 密码文件。建立 Samba 密码文件并不需要人工输入数据，只要以 root 账号登录，然后按下列步骤进行即可：

```
[root@smb_server root]#cat/etc/passwd|mksmbpasswd.sh>/etc/samba/smbpasswd
[root@smb_server root]#chmod500/etc/samba
[root@smb_server root]#chmod600/etc/samba/smbpasswd
```

此步骤是将 Linux 系统使用的未加密的密码文件（/etc/passwd）转换成加密的 Samba 密码文件（/etc/samba/smbpasswd）。为了保密起见，这里将 /etc/samba 目录的权限设为 500，该文件的权限设为 600，以避免他人取得密码文件。

建立了 Samba 密码文件以后，接下来就是利用 smbpasswd 命令，设置 /ect/samba/smbpassword 文件中每个账号所使用的密码。这里以 st1 为例来说明设置方法。需要注意的是，这里设置的是 st1 用来访问 Samba 服务器的密码，而不是登录 Linux 的密码。默认设置"UNIX passwordsync = YES"，则登录 Linux 的密码将随之改变，与 Samba 服务器的密码一致；如果希望这两个密码不一致，则应设置"UNIX passwordsync = NO"。

```
[root@ smb_serverroot]#smbpasswd st1
New SMB password:                    //此处输入密码
Retype SMB password:                 //重新输入密码
Passwordchangedfor userst1
```

设置好用户对应的 Samba 密码后，重新启动 Windows，然后在身份验证窗口中输入用户账号和密码，就可以进入 Samba 服务器的目录。

4. lmhosts 文件

从 Linux 客户端上访问 Windows 的共享或其他 Linux 提供的 Samba 共享时，有两种方式：使用 IP 地址访问，或是使用 NetBios 名访问。如果使用 NetBios 名访问共享，需要实现 NetBios 与 IP 地址的映射。Samba 使用 /etc/samba/lmhosts 文件存放 NetBios 与 IP 地址的静态映射表。

当使用 NetBios 名访问共享时，必须在 lmhosts 文件中添加相应的内容。下面简单介绍如何查看并修改 lmhost 文件。

```
[root@ smb_sever root]#cat/etc/samba/lmhosts//查看 lmhosts 的初始内容
127.0.0.1 localhost
[root@smb_sever root]#//修改 lmhosts 文件,添加新的 NetBios 名与 IP 地址的映射关系
[root@smb_sever root]#vi/etc/samba/lmhosts
[root@smb_sever root]#
```

```
[root@smb_sever root]#cat/etc/samba/lmhosts  //查看修改后的 lmhosts 文件
128.0.0.1 localhost
192.168.0.2 win
```

11.4 配置 Samba 文件共享

除了全局环境的设置，还可以对共享的资源（包括共享的文件和打印机）进行设置。这里先介绍如何通过配置 smb.conf 文件，实现文件的共享。

在下面将使用许多以"[" "]"开头的区域，每个区域就代表一个共享资源，也就是在 Windows 客户端的网上邻居中会出现的共享文件夹。这里介绍的仅是与文件共享相关的一些部分，与打印机共享相关的部分将在下一节介绍。

1. 设置共享资源参数

[homes]——用户个人主目录配置。

comment = Home Directory

#主目录注释部分，comment 参数所指定的字符串在浏览本机资源时会出现在指定资源的旁边。

browseable = no

#是否允许其他用户浏览个人主目录，默认值为 yes。若将此参数设置为 no，其他用户将看不到此目录。

writable = yes

#设置此目录是否可以写入。若共享资源是打印机，则不需设置此参数。

valid users = %S

#设置允许登录访问的用户。系统会自动将%S 转换成登录账号。

create mode = 0744

#设置文件的访问权限。

directory mode = 0755

#设置目录的访问权限。

[tem]——为所有用户提供的临时共享配置。

comment = Temporary file space

#目录注释部分。

path = /tem

#实际访问该资源的本机路径。

read only = no

#是否只允许读取。no 表示进行写操作。若共享资源为打印机时，此参数无任何意义。

public = yes

#是否允许目录共享。yes 表示可以共享该目录。

[public]——为所有用户提供的共享目录的配置。

comment = Public Stuff

#目录注释部分。

path = /home/samba

#实际访问该资源的本机路径。
public = yes
　　#是否允许目录共享。yes 表示可以共享该目录。
writable = yes
　　#是否允许写入该目录。yes 表示可以对该目录进行写操作，这一项与 read only 相反。
printable = no
　　#是否允许打印目录内容，no 表示不允许。
write list = @ staff
　　#拥有读取及写入权限的用户或组群。

2. 配置 Samba 文件共享

下面通过配置 3 个不同的共享目录为例，介绍配置 Samba 文件共享的一般方法。
[global]
……
　　#采用前面的［global］配置。
[homes]
　　#配置用户自己的主目录。
comment = Home Directories
　　#目录注释部分。
browseable = no
　　#不允许其他用户浏览（并不是不允许其他用户访问）。
writable = yes
　　#允许用户写入自己的目录。
valid users = %s
　　#可访问的用户局限于用户自己，%s 会被自动转换为登录账号。
create mode = 0664
　　#设置文件的访问权限。
directory mode = 0775
　　#设置目录的访问权限。
[tmp]
　　#为所有用户提供临时共享的配置。
comment = Temporary file space
　　#注释部分。
path = /tmp
　　#指定实际访问该资源的本机路径位置。
read only = no
　　#可以对该目录进行读/写。
public = yes
　　#允许用户不用账号和密码访问。
[public]
　　#为所有用户提供可以共同访问的目录。（允许 staff 组用户写入，但其他用户只可访问，不能写入）。
comment = Public Stuff

```
path = /home/samba
public = yes
writable = yes
printable = no
write list = @staff
```
　　#write list 参数是用来设置具有写权限的用户列表。这里只允许 staff 组的成员有写的权限。
```
[fredsdir]
```
　　#设置某一用户 fred 的访问权限。
```
comment = Fred's Service
path = /usr/fred/private
valid users = fred
```
　　#只有 fred 可以访问该共享目录（注意：即使"security"选项为"share"，也不代表用户登录 Linux 主机后可以访问任意资源）。
```
public = no
writable = yes
printable = no
```
　　配置文件被修改后，还要重新用 testparm 测试文件配置是否正确，并重新启动 Samba 服务器程序。

11.5　配置 Samba 打印共享

1. Samba 中的打印共享

　　Samba 中涉及打印共享的参数主要有以下几个：
　　1)［global］字段中涉及共享打印机的主要字段
　　smb.conf 中［global］字段内容如下：
```
[global]
workgroup = MYGROUP
server string = Samba Server
printcap name = /etc/printcap
load printers = yes
log file = /var/log/samba/log.%m
max log size = 50
security = user
socket options = TCP-NODELAY
dns proxy = no
```
　　在 global 部分中有两个语句行是用来处理共享打印机的。
```
printcap name = /etc/printercap
```
　　#指定打印机配置文件的位置，printcap 文件被用来确定能够共享的打印机。
```
load printers = yes
```
　　#告知 smb 是否把 printcap 文件内的所有打印机都作为共享打印机。默认值为 yes，Samba 共享 printcap 文件内定义的所有打印机。如果为 no 时，则服务器根本不阅读 printcap 文件。因此，如果指定为 no，所有共享的打印机都必须分别定义。

用户如果需要自动载入打印机列表,则必须指定以上两项。这两句使得服务器能够自动共享 printcap 文件自定义的全部打印机。

2)[printers]字段中涉及设置打印机环境内容的主要字段

Red Hat 中的[printers]内容如下:

```
[printers]
comment = All Printers
path = /var/spool/samba
browsable = no
guest ok = no
writable = no
printable = yes
```

其中,

path = /var/spool/samba

#打印机队列(Spool)路径,用户需要手动建立。

printable = yes

#是否允许用户打印。默认值为 no,表示是对文件的共享,而不是对打印机的共享。当需要设置对打印机共享时,必须把该项设置为 yes。

guest ok = no

#客户端账户是否被允许访问资源。no 表示用户不能把打印任务发送到打印机,用户必须有一个有效的用户账户才可以使用打印机。

2. 配置共享打印机

1)在 Samba 服务器上配置本地打印机

2)获得 Adobe PostscriptDriver

(1)到 http://www.adobe.com/网站中下载简体中文版 Adobe PostscriptDriver,文件名为 Winstchs.exe。

(2)在 Windows 环境(如 Windows 2000 Professional)下安装。

(3)进入 Windows 计算机 C:/WINNT/system32/spooldrivers 目录,从子目录 w32x86 和 WIN40 中挑选出表 11-1 所示的 8 个文件,并且将文件名的字母全部改为大写。

表 11-1 子目录 w32x86 和 WIN40

ADFONTS. MFM	ADOBEPS4. HLP	ADOBEPSU. DLL	DEFPRTR. PRO
ADOBEPS4. DRV	ADOBEPS5. DLL	ADOBEPSU. HLP	ICONLIB. DLL

(4)在 Linux 计算机上创建/usr/share/cups/目录,并将表 11-1 所示的 8 个文件复制到此目录下。

3. 设置 smb.conf 的打印共享配置

[global]
……

#按上文设置。

[printers]

#配置打印机共享,所有用户都可以共享打印机。

comment = All Printers

#注释部分。
path = /var/spool/samba
　　#设置打印机队列的位置，用户必须自行创建该目录，存放打印的临时文件。
browseable = no
　　#不允许浏览共享的打印机。
guest ok = no
　　#必须使用账号和密码才可以访问共享打印机。
writable = no
　　#共享打印机，writable 必须设置为 no。
printable = yes
　　#允许用户更改打印机队列中的文件。
[fredsprn]
　　#该共享的打印机只允许 fred 私人使用。
comment = Fred's Printer
valid users = fred
path = /home/fred
　　#打印机队列是 fred 的用户目录，要注意 fred 必须有权访问该目录。
printer = freds_printer
　　#设置共享打印机的名称，此参数也可以写成"printer name ="，该参数如果放在[global]字段，所有打印服务用到的打印机名都将是一样的。
public = no
writable = no
printable = yes

4. 为 Windows 客户端准备打印驱动

为了给 Windows 客户端准备打印驱动，可以运行 cupsaddsmb 命令。执行如下的操作将打印机驱动程序放置在/etc/samba/drivers 目录下。

[root@smb_sever root]#mkdir/etc/samba/drivers　//创建/etc/samba/drivers 目录

[root@smb_sever root]#cupsaddsmb - a - Uroot　//运行 cupsaddsmb 命令，以 root 身份执行该命令，共享所有打印机

5. 从 Windows 客户端访问 Samba 共享打印机

当配置好 Samba 共享打印机之后，合法用户就可以在 Windows 的网上邻居看到被共享的打印机。双击共享的打印机，在弹出的窗口中确认安装此打印机驱动即可。

由于 Samba 共享打印功能比较简单，后来由专门的 cups 打印服务器所替代，所以实际应用中很少使用 Samba 作为共享打印服务器。

11.6　Samba 服务配置实例

任务1

【任务内容】
完成 Samba 服务器配置，要求建立目录/home/public，实现 Samba 服务共享，共享名

为 public，允许所有本网段的人不需要密码就可以访问，且为只读权限。

【系统及软件环境】

1. 操作系统：Red Hat AS 5.0
2. 本机服务 IP 地址：10.1.6.250/24
3. 服务器软件包

（1）samba – 3.0.23c – 2.i386.rpm

（2）samba – client – 3.0.23c – 2.i386.rpm

（3）samba – common – 3.0.23c – 2.i386.rpm

（4）samba – swat – 3.0.23c – 2.i386.rpm

（5）system – config – samba – 1.2.39 – 1.el5.noarch.rpm

【实验配置文件】

1. /etc/samba/smb.conf
2. /etc/samba/lmhosts
3. /etc/samba/smbusers
4. /etc/samba/smbpasswd

【操作步骤】

1. 查看 Samba 服务器软件包是否安装

```
[root@ localhost samba]#rpm - qa |grep samba
samba - 3.0.23c - 2
samba - client - 3.0.23c - 2
samba - swat - 3.0.23c - 2
system - config - samba - 1.2.39 - 1.el5
samba - common - 3.0.23c - 2//如果没有安装,进入相关的安装光盘,完成安装
[root@ localhost Server]#rpm - ivh samba* - - aid - - force
warning:samba - 3.0.23c - 2.i386.rpm:Header V3 DSA signature:NOKEY,key ID 37017186
Preparing...###############################[100%]
1:samba - common###############################[25%]
2:samba     ###############################[50%]
3:samba - client###############################[75%]
4:samba - swat###############################[100%]
[root@localhost Server]#
```

2. 创建目录

```
[root@localhost ~]#mkdir - p/home/public
[root@localhost ~]#cp/etc/*.conf/home/public/
```

3. 修改/etc/samba/smb.conf 配置文件，并启动服务

```
[root@localhost samba/]#vi/etc/samba/smb.conf
#编辑 smb.conf,并将以下内容添加到文件末尾。
#需要添加的行：
[public]
comment = Public Direction
path = /home/public
```

```
writable = no
public = yes
security = share
#保存并退出。
#重新启动 SMB 服务。
[root@ localhost samba/]#service smb restart
#查看 SMB 服务启动的状态。
[root@ localhost ~]#testparm
Load smb config files from/etc/samba/smb.conf
Processing section"[homes]"
Processing section"[printers]"
Processing section"[public Dir]"
Global parameter security found in service section!
Loaded services file OK.
Server role:ROLE_STANDALONE
Press enter to see a dump of your service definitions

[global]
workgroup = MYGROUP
server string = Samba Server
log file = /var/log/samba/% m.log
max log size = 50
dns proxy = No
cups options = raw

[homes]
comment = Home Directories
read only = No
browseable = No

[printers]
comment = All Printers
path = /usr/spool/samba
printable = Yes
browseable = No
[public]
comment = Public Direction
path = /home/public
guest ok = Yes
```

4. 测试

```
[root@ localhost ~]#ls //查看当前目录下存在的文件
anaconda - ks.cfginstall.log ks.cfgscsrun.log
Desktopinstall.log.syslog
[root@ localhost ~]#smbclient//10.1.6.250/public
Password:
Anonymous login successful
```

```
       Domain = [MYGROUP] OS = [UNIX] Server = [Samba 3.0.23c-2]
       smb:\> ls
         .  D0 Tue Aug 17 06:39:55 2010
         .. D0 Tue Aug 17 06:39:38 2010
         cdrecord.conf 977 Tue Aug 17 06:39:55 2010
         warnquota.conf 2657 Tue Aug 17 06:39:55 2010
         webalizer.conf 23735 Tue Aug 17 06:39:55 2010
         scrollkeeper.conf 103 Tue Aug 17 06:39:55 2010
         ……………………………………………
         ld.so.conf 28 Tue Aug 17 06:39:55 2010
         updatedb.conf 127 Tue Aug 17 06:39:55 2010
         dovecot.conf 39849 Tue Aug 17 06:39:55 2010
         libuser.conf 2506 Tue Aug 17 06:39:55 2010

       47116 blocks of size 262144. 22675 blocks available
       smb:\> get libuser.conf
       getting file \libuser.conf of size 2506 as libuser.conf (33.5 kb/s) (average 33.5 kb/s)
       smb:\> put ks.cfg
       NT_STATUS_ACCESS_DENIED opening remote file \ks.cfg
       smb:\>
```

任务2

【任务内容】

完成 Samba 服务器配置，要求：

(1) 建立目录/home/public，实现 SMB 服务共享，共享名为 public，允许 manage、tech、market 组成员读/写。

(2) 建立目录/home/tech，实现 SMB 服务共享，共享名为 tech，允许 tech 组成员读/写。

(3) 建立目录/home/test，实现 SMB 服务共享，共享名为 test，允许 test 组成员读/写。

【系统及软件环境】

1. 操作系统：Red Hat AS 5.0

2. 本机服务 IP 地址：10.1.6.250/24

3. 服务器软件包

(1) samba-3.0.23c-2.i386.rpm

(2) samba-client-3.0.23c-2.i386.rpm

(3) samba-common-3.0.23c-2.i386.rpm

(4) samba-swat-3.0.23c-2.i386.rpm

(5) system-config-samba-1.2.39-1.el5.noarch.rpm

【实验配置文件】

1. /etc/samba/smb.conf

2. /etc/samba/lmhosts

3. /etc/samba/smbusers

4. /etc/samba/smbpasswd

【操作步骤】
1. 查看 Samba 服务器包是否安装

```
[root@localhost samba]#rpm-qa |grep samba
samba-3.0.23c-2
samba-client-3.0.23c-2
samba-swat-3.0.23c-2
system-config-samba-1.2.39-1.el5
samba-common-3.0.23c-2//如果没有安装,进入相关的安装光盘,完成安装
[root@ localhost Server]#rpm-ivh samba*--aid--force
warning:samba-3.0.23c-2.i386.rpm:Header V3 DSA signature:NOKEY,key ID 37017186
Preparing...###########################################[100%]
1:samba-common#########################################[25%]
2:samba ###############################################[50%]
3:samba-client#########################################[75%]
4:samba-swat ##########################################[100%]
[root@ localhost Server]#
```

2. 创建共享目录

```
[root@localhost ~]#mkdir-p/home/public
[root@localhost ~]#cp/etc/*.conf/home/public/
[root@localhost ~]# mkdir/home/tech
[root@localhost ~]# mkdir/home/test
```

3. 修改/etc/samba/smb.conf 配置文件,并启动服务

```
[root@localhost ~]#vi/etc/samba/smb.conf
#编辑 smb.conf,并将以下内容添加到文件末尾。
#需要添加的行:
[public]
valid users=@manage,@tech,@market
path=/home/public
write list=@manage,@tech,@market
create mode=777
directory mode=777
[tech]
valid users=@tech
path=/home/tech
write list=@tech
create mode=777
directory mode=777
[test]
valid users=@manage,@tech,@market
path=/home/test
write list=@test
create mode=777
directory mode=777
#保存并退出。
```

```
#重新启动 SMB 服务。
[root@localhost ~]#service smb restart
#查看 SMB 服务启动的状态。
[root@localhost home]#testparm
Load smb config files from/etc/samba/smb.conf
Processing section"[homes]"
Processing section"[printers]"
Processing section"[public]"
Processing section"[tech]"
Processing section"[test]"
Loaded services file OK.
Server role:ROLE_STANDALONE
Press enter to see a dump of your service definitions
[global]
workgroup = MYGROUP
server string = Samba Server
log file = /var/log/samba/% m.log
max log size = 50
dns proxy = No
hosts allow = 10.1.6.,127.
cups options = raw
[homes]
comment = Home Directories
read only = No
browseable = No
[printers]
comment = All Printers
path = /usr/spool/samba
printable = Yes
browseable = No
[public]
comment = Public Direction
path = /home/public
write list = @mange,@tech,@market
create mask = 0777
directory mask = 0777
[tech]
path = /home/tech
valid users = @tech
write list = @tech
create mask = 0777
directory mask = 0777
[test]
path = /home/test
valid users = @mange,@tech,@market
```

```
write list = @test
create mask = 0777
directory mask = 0777
```

4. 创建 SMB 用户，并修改 SMB 用户密码

```
[gdlc@linux ~]#useradd tian
[gdlct@linux ~]#smbpasswd -a tian
New SMB password:
Retype new SMB password:
Added user tian.
[gdlc@linux ~]#groupadd tech
[gdlc@linux ~]#usermod -G tech tian
[root@localhost ~]#cat/etc/samba/smbpasswd
tian:502:CCF9155E3E7DB453AAD3B435B51404EE:3DBDE697D71690A769
204BEB12283678:[U]:LCT-4C6A0EF0:
[root@localhost ~]#
```

5. 测试

```
[root@localhost ~]#ls
anaconda-ks.cfginstall.log ks.cfgscsrun.log
Desktopinstall.log.sysloglibuser.conf
[root@localhost home]#smbclient//10.1.6.250/public -U tian
Password:
Domain = [LOCALHOST] OS = [UNIX] Server = [Samba 3.0.23c-2]
smb:\> ls
.D0Tue Aug 17 06:39:55 2010
..D0Tue Aug 17 12:24:03 2010
cdrecord.conf977Tue Aug 17 06:39:55 2010
warnquota.conf2657Tue Aug 17 06:39:55 2010
webalizer.conf23735Tue Aug 17 06:39:55 2010
……………………………………………………
ld.so.conf28Tue Aug 17 06:39:55 2010
updatedb.conf127Tue Aug 17 06:39:55 2010
dovecot.conf 39849Tue Aug 17 06:39:55 2010
libuser.conf2506Tue Aug 17 06:39:55 2010

47116 blocks of size 262144. 22669 blocks available
smb:\> get updatedb.conf
getting file \updatedb.conf of size 127 as updatedb.conf(41.3 kb/s)(average 41.3 kb/s)
smb:\> put ks.cfg
putting file ks.cfg as \ks.cfg(28.8 kb/s)(average 28.8 kb/s)
smb:\>
```

11.7 Samba 服务配置常见故障与分析

Samba 服务的常见故障与分析见表 11-2 所示。

表 11-2 Samba 服务的常见故障与分析

序号	实验故障	分析与解决
1	实验中 test 组用户不能对 /home/test 目录进行写操作	因为 /home/test 目录默认权限为 700；若要 test 组用户有权进行写操作，需将权限改为 760 才可
2	使用 smbcliet 连接，提示 tree connect failed:Call returned zero bytes（EOF）	去掉 only user = yes 选项
3	用户无法实现对目录的写权限	目录具有一个属性，需要通过 chmod 修改目录属性，如果在其属性禁止写，即使在 samba 中设置了可写属性，也无法实现写功能。
4	Samba 服务可以 ping 通，但无法连上 Samba 服务，远程客户端无法访问 Samba 共享目录，共享目录在本地测试成功	可能是防火墙的问题，在防火墙上允许 Samba 服务通过，或者关掉防火墙
5	Samba 服务启动成功。访问 Samba 某个共享目录时，提示错误信息为 NT_STATUS_BAD_NETWORK_NAME	说明共享名不存在，或共享目录还没有创建
6	服务已启动成功，提示错误信息为 NT_STATUS_ACCESS_DENIED	提示访问被拒绝，可能是登录的用户名或密码错误，或者是 Iptables 服务没有关闭
7	服务已启动成功，提示错误信息为 NT_STATUS_LOGON_FAILURE	不允许当前用户访问当前共享目录，说明当前共享目录设置只允许某些用户访问

11.8 小 结

本项目重点介绍了 SMB 的功能及工作原理，及告诉初学者在搭建 SMB 服务器时，要注意权限的设置以及用户的管理，且并介绍了对故障的分析和处理。

11.9 习 题

1. 配置 Samba 服务器，实现功能要求：
（1）将用户的系统 /tmp 目录共享，共享名为 myshare。
（2）用户无须密码即可访问。
2. 搭建一个 SMB 服务器，共享名为 smb，只允许用户 aaa 登录。

项目十二 建立 FTP 服务器

|学习目标|
(1) 掌握 FTP 的基本概念和工作原理；
(2) 掌握搭建 FTP 服务器的方法。

12.1 FTP 服务简介

FTP 协议是 Internet 上文件传送的基础，它由一系列规格说明文档组成，目标是提高文件的共享性，提供非直接使用远程计算机的功能，使存储介质对用户透明，可靠高效地传送数据。简单地说，FTP 就是完成两台计算机之间的复制，从远程计算机复制文件至自己的计算机上，称为"下载（download）"文件。若将文件从自己的计算机中复制至远程计算机上，则称为"上传（upload）"文件。在 TCP/IP 协议中，FTP 标准命令 TCP 端口号为 21，port 方式数据端口为 20。FTP 协议的任务是从一台计算机将文件传送到另一台计算机，它与这两台计算机所处的位置、连接的方式、甚至是否使用相同的操作系统无关。FTP 是一种文件传输协议。有时我们把它形象地叫做"文件交流集中地"。在企业中，往往会给客户提供一个特定的 FTP 空间，以便进行一些大型文件的交流。

1. FTP 服务的工作原理

FTP 是 TCP/IP 协议组的协议之一，是英文 File Transfer Protocol 的缩写。在 Internet 中，大部分文件传送都采用 FTP 协议。FTP 服务器能在网络上提供文件传输服务，可以向用户提供上传和下载文件服务。根据服务对象的不同，FTP 服务器可以分为匿名（Anonymous）FTP 服务器和系统 FTP 服务器，前者是任何客户都可以使用的，后者只有 FTP 服务器上的合法账号才能使用。FTP 服务系统是典型的客户端/服务器的工作模式。FTP 的服务程序和客户程序分工协作，在文件传输协议的协调指挥下，共同完成文件的传输。但用户启动 FTP 进行文件传输的时候，其实是依靠 FTP 客户程序和在 FTP 服务器上的 FTP 软件共同完成文件的传输。FTP 客户程序向 FTP 服务器发送请求，FTP 服务器收到请求后，响应客户端发送的请求，把指定的文件传送到 FTP 客户端。

FTP 采用"客户端/服务器"工作方式，客户端需要安装 FTP 客户程序。

2. FTP 工作模式

FTP 支持两种工作模式：Standard（即 PORT 或 Active 模式，主动方式）和 Passive（即 PASV，被动方式）。

1）Standard 模式

FTP 客户端发送 PORT 命令到 FTP 服务器。

FTP 客户端首先与 FTP 服务器的 TCP 21 端口建立连接，通过该通道发送命令。客户端需要接收数据时，在该通道发送 PORT 命令。PORT 命令包含客户端用什么端口接收数据的信息。传送数据时，服务器通过 TCP 20 端口连接到客户端指定的端口发送数据。FTP 服务器必须与客户端建立一个新的连接，用来传送数据。

2）Passive 模式

FTP 客户端发送 PASV 命令到 FTP 服务器。

建立控制通道时，与 Standard 模式类似。建立连接后，不是发送 PORT 命令，而是 PASV 命令。FTP 服务器收到 PASV 命令后，随机打开一个高端端口（端口号大于 1024）并通知客户端在该端口上传送数据；客户端连接 FTP 服务器该端口，FTP 服务器将通过该端口进行数据的传送。这时，FTP 服务器不再需要建立和客户端之间的新连接。

除上述两种模式之外，还有一种单端口模式。该模式的数据连接请求由 FTP 服务器发起。使用该传输模式时，客户端的控制连接端口和数据连接端口一致。由于这种模式无法在短时间内连续输入数据、传输命令，因而不常用。

3. 流行的 FTP 服务器

目前在 Linux 系统中常用的免费 FTP 服务器软件主要是 Wu – FTP、ProFTP 和 VSFTP 三种。其中，Wu – FTP 使用最广泛。在 Red Hat Linux 7.2 中，Wu – FTP 是默认的 FTP 服务器软件；Red Hat Linux 8.0 同时自带 Wu – FTP 和 VSFTP。可能是 Wu – FTP 被发现安全漏洞比较多的原因，Red Hat Linux 9.0 只有 VSFTP。如果用户需要使用 Wu – FTP 或 ProFTP，可以自己安装，其配置方法和 VSFTP 相近。此外，Pure – FTPd 在 Linux 平台下使用也比较多。Pure – FTPd 是基于 Troll – FTPd 的免费的、安全的 FTP 服务器，具有很多特色，例如支持多种语言（包括中文）、适合新手使用、对 ISP 和主机服务有很好的弹性、与现有的客户端与服务器完全兼容等。

VSFTP 是 Very Security FTP 的缩写，意思是"非常安全的 FTP"。可见，软件的编写者自始至终都非常注重安全性。除天生的安全性外，它还具有高速、稳定的性能特点。在稳定性方面，VSFTP 可以在单机（非集群）上支持 4 000 个以上的并发用户同时连接。根据 ftp.redhat.com 提供的数据，VSFTP 最多可以支持 15 000 个并发用户。

VSFTP 能以 Stand – alone、xinetd 两种模式运行。当用户账号比较少又经常需要连接到 VSFTP 服务器时推荐使用 xinetd 模式运行。使用 xinetd 方式运行可以有效防范 DOS 攻击。从传统的守护进程的角度可以看出，对于系统所要通过的每一种服务，都必须运行一个监听某个端口连接所发生的守护进程，这通常意味着资源浪费。为了解决这个问题，一些 Linux 系统引进了"网络守护进程服务程序"的概念。Red Hat Linux 8.0 以后的版本使用的网络守护进程是 xinetd（eXtended InterNET Daemon）。和 Stand – alone 模式相比 xinetd 模式也称 Internet SuperServer（超级服务器）。xinetd 能够同时监听多个指定的端口，在接受用户请求时，它能够根据用户请求的端口不同，启动不同的网络服务进程来处理这些用户请求。可以把 xinetd 看做一个管理启动服务的管理服务器，它决定把一个客户请求交给哪个程序处理，然后启动相应的守护进程。

12.2　FTP 服务常规操作

1. 软件包的安装

RedHat Linux 自带 VSFTP 服务器软件，不需要另行安装。如果在安装系统时没有安装 VSFTP 服务器，可以用 RPM 安装，也可以利用 tar 命令安装。如果想要 RPM 安装，可以在光盘下的 Server 文件夹下找 vsftp-2.0.5-12.e15.i386.rpm 软件包，然后用 rpm -ivh vsftp-2.0.5-12.e15.i386.rpm 命令安装 VSFTP 软件。新版的软件包可以到 VSFTP 的网站 http://vsftp.beasts.org/ 下载。

源码软件包：ftp://vsftp.beasts.org/users/cevans/。

软件配置文档参数说明：http://vsftp.beasts.org/vsftp_conf.html。

例如：安装 vsftp-2.3.0.tar.gz，可以在源码软件包给的网址中下载：

```
[root@supsun ~]#tar -zxvfvsftp-2.3.0.tar.gz
[root@supsun ~]#cdvsftp-2.3.0
[root@supsunvsftp-2.3.0]#make
[root@supsunvsftp-2.3.0]#mkdir/var/ftp
[root@supsunvsftp-2.3.0]#chown root.root/var/ftp
[root@supsunvsftp-2.3.0]#chmod go-w/var/ftp
[root@supsunvsftp-2.3.0]#make install
[root@supsunvsftp-2.3.0]#cpvsftp.conf/etc/vsftp.conf
```

其中：

tar -zxvfvsftp-2.3.0.tar.gz——解压压缩软件包。

make——编译源文件。如果用户想要自己编译文件，可以安装 gcc 去编译源代码。

make install——安装。

安装的时候，系统不会自动去复制 vsftp.conf 配置文件到 /etc 目录下，要用户自己手动去复制。

2. VSFTP 软件的常规操作

启动 VSFTP：service vsftp restart。

停止 VSFTP：service vsftp stop。

启动了 VSFTP 软件，软件的进程会常驻在内存当中，称为进程。检查一个 FTP 服务是否启动可以用 ps -eaf | grep vsftp 或者 netstat -anlp | grep ":21" 命令查看，通过进程的查找或者通过服务器对外开放的端口显示，来判断 FTP 是否启动。如下所示：

```
[root@supsun/]# ps -eaf |grep vsftp
root662510 21:06? 00:00:00/usr/sbin/vsftp/etc/vsftp/vsftp.conf
root666162280 21:10 pts/100:00:00 grep vsftp
[root@supsun/]# netstat -anlp |grep":21"
tcp00 0.0.0.0:210.0.0.0:* LISTEN6625/vsftp
```

基于 Linux 系统的安全性能，系统默认的防火墙会屏蔽了 FTP 服务，使其不允许通过防火墙，与客户端连接。如果想要允许 VSFTP 通过防火墙，可以用以下命令让 FTP 服务通过防火墙：

```
iptables -A INPUT -p tcp --dport 21 -j ACCEPT
```

12.3　FTP 服务配置文件

　　VSFTP 配置文件只有一个，在/etc/vsftp/的目录下，以 vsftp.conf 为主要的配置文件。验证 pam 的模块文件在/etc/pam.d/vsftp。pam 模块的文件可以增加 VSFTP 服务器的安全性。在/etc/vsftp 下的 vsftp.conf 文件中，以 bash 变量的相同方式设置参数，即"参数=设置值"，而参数前面带有"#"号，代表参数不启用，把前面的"#"删除以后，参数就启用。如果用户对 VSFTP 的参数不了解，可以用 man vsftp 查看参数值，里面都有很详细的介绍。

　　而/etc/pam.d/vsftp 模块文件所指定的无法登录的用户配置文件，指的就是/etc/vsftp/ftpusers 配置文件。ftpusers 配置文件主要控制不允许登录 FTP 服务器的用户。

　　文件的格式如下：

```
#Users that are not allowed to login via ftp
root
bin
daemon
.
.
.
uucp
operator
games
nobody
```

　　vsftp.ftpusers 文件中列出的用户将不能访问 FTP 服务器。

　　配置文件 vsftp.user_list 主要控制用户访问的权限。当主配置文件 vsftp.conf 中的选项"userlist_deny"设置为"NO"（即 userlist_deny=NO）时，仅允许该文件中列出的用户访问 FTP 服务器；当主配置文件 vsftp.conf 中的选项"userlist_deny"设置为"YES"（即 userlist_deny=YES）时，绝不允许该文件中列出的用户访问 FTP 服务器，甚至系统不会出现输入密码的提示。

　　注意：VSFTP 同样会检查文件 vsftp.ftpusers 中拒绝的用户。

　　该文件格式如下：

```
# vsftp userlist
# If userlist_deny=NO,only allow users in this file
# If userlist_deny=YES(default),never allow users in this file,and
# do not even prompt for a password
# Note that the defaultvsftp pam config also checks/etc/vsftp.ftpusers
# for users that are denied.
root
mail
```

．
．
．

games

nobody

注意：修改任何一个配置文件后，都需要重新启动 VSFTP 服务器，才能使修改生效。vsftp.conf 是主要的配置文件，而配置参数如下所示：

1. anonymous_enable = YES

说明：是否允许匿名登录，可取值 YES/NO。默认值为 YES。

2. local_enable = YES

说明：允许本机使用者登录。默认值为 YES。

3. write_enable = YES

说明：控制 FTP 的指令是否允许更改文件系统，例如 STOR、DELE、RNFR、RNTO、MKD、RMD、APPE 以及 SITE，可取值 YES/NO。默认值为 YES。一般情况下不建议打开该功能。

4. local_umask = 022

说明：本机登录者新增文档时的 umask 数值。默认值为 077，这里设为 022（大部分 FTP 都设为 022）。

5. anon_upload_enable = YES

说明：是否允许匿名用户有上传文档的权限，需要由 FTP 用户先创建一个可写的目录。可取值 YES/NO。

6. anon_mkdir_write_enable = YES

说明：是否允许匿名用户拥有创建新目录的权限，一般不建议放开该权限。可取值 YES/NO。

7. dirmessage_enable = YES

说明：如果启动该选项，当远程用户进入一个指定目录时，检查该目录下是否有 .message 文档，如果有，则显示该文档的内容。通常该文档放置欢迎词或该目录的说明。可取值 YES/NO。

8. xferlog_enable = YES

说明：如果取 YES 值，上传与下载的信息将被完整记录在 xferlog_file 文档中。可取值 YES/NO。

9. connect_from_port_20 = YES

说明：若设置为 YES 值，则强制 ftp–data 的数据传送使用端口 20。可取值 YES/NO。

10. ftp_data_port 20

说明：设置 FTP 数据传送所使用的端口，默认值为 20。

11. listen_port 21

说明：设置 FTP 服务器所使用的侦听端口，默认值为 21。

12. pasv_max_port 0

说明：建立资料联机可以使用 port 范围的上界，0 表示任意。默认值为 0。

13. pasv_min_port 0

说明：建立资料联机可以使用 port 范围的下界，0 表示任意。默认值为 0。

14. chown_uploads = YES

说明：若设置为 YES 值，所有匿名上传数据的拥有者将被更换为 chown_username 中设定的使用者，该选项对于 FTP 的安全及管理很有用。可取值 YES/NO。

15. chown_username = whoever

说明：当匿名登录者上传文档时，该文档的拥有者将被置换为用户的名称。

16. xferlog_file = /var/log/vsftp.log

说明：定义日志文件（Log File）的存放位置。

17. xferlog_std_format = YES

说明：将日志文件定义为标准 ftpd xferlog 的格式。

18. idle_session_timeout = 600

说明：空闲时间超时设定，单位为秒。如果超出该时间没有数据传送或指令输入，则连接中断。

19. data_connection_timeout = 120

说明：数据连接的超时设定，单位是秒。

20. nopriv_user = ftpsecure

说明：定义运行 VSFTP 的独立且非特权的系统用户。

21. async_abor_enable = YES

说明：设置为 YES 值时，FTP 服务器将认可异步 ABOR 请求。一般不推荐。可取值 YES/NO。

22. ascii_upload_enable = YES

说明：控制是否可用 ASCII 模式上传。可取值 YES/NO。

23. ascii_download_enable = YES

说明：控制是否可用 ASCII 模式下载。可取值 YES/NO

24. ftpd_banner = Welcome to blah FTP service

说明：定制登录欢迎词。

25. deny_email_enable = YES

说明：若设置为 YES 值，可以指定一个文档/etc/vsftp.banner_emails，其中包含电子邮件地址列表。若用户匿名登录，系统将要求输入邮件地址；如果输入的邮件地址在该文档中，则不允许连接。本功能主要用于防范 DOS 攻击。

26. banned_email_file = /etc/vsftp.banned_emails

说明：文件 vsftp.banned_emails 的存放位置。

27. chroot_list_enable = YES

说明：若设置为 YES 值，所有本机用户登录均可进到根目录之外的目录，列在/etc/vsftp.chroot_list 中的使用者除外。可取值 YES/NO。

28. chroot_list_file = /etc/vsftp.chroot_list

说明：指定文件 vsftp.chroot_list 的存放位置。

29. ls_recurse_enable = YES

说明：若设置为 YES 值，允许登录用户使用 ls – R 指令。可取值 YES/NO。

30. pam_service_name = vsftp

说明：定义 PAM 使用的名称。

31. userlist_enable = YES

说明：若设置为 YES 值，则读取/etc/vsftp.user_list 中的用户名称。该功能可以在询问密码前出现失败讯息，而不需要检验密码的程序。可取值 YES/NO，默认值为 NO。

32. userlist_deny = YES

说明：只有在 userlist_enable 启动时有效。若设置为 YES 值，则在 etc/vsftp.user_list 中的用户无法登录；若设置为 NO 值，则只有/etc/vsftp.user_list 中的用户才能登录。该功能可以在询问密码前出现错误讯息，而不需要检验密码的程序。可取值 YES/NO。

33. listen = YES

说明：是否设置为 Stand-alone 模式。若希望 VSFTP 工作在 xinetd 模式下，必须设置为 NO。可取值 YES/NO。

34. max_clients = 100

说明：最大支持连接数为 100 个。

35. max_per_ip = 5

说明：每个 IP 最多能支持 5 个连接。

36. tcp_wrappers = YES

说明：如果设置为 YES 值，则将 VSFTP 与 tcp_wrappers 结合，即可以在/etc/hosts.allow 与/etc/hosts.deny 中定义可联机或拒绝的源地址。可取值 YES/NO。

上面这些参数都是 VSFTP 常见的参数，如果想了解更多的参数，可以用 man vsftp 了解。

12.4 FTP 项目配置实例

任务 1

【任务内容】

简单 VSFTP 应用，允许匿名用户登录。FTP 服务器配置，需求如下：

（1）匿名用户登录。

（2）允许本机使用者登录。

（3）用户有写入的权限。

（4）本地用户有上传文件的权限。

（5）设置记录来访者的日志功能。

（6）设置传送数据的端口。

【系统及软件环境】

1. 操作系统：Red Hat AS 5.0

2. 本机服务 IP 地址：10.1.6.250/24

3. 服务器软件包

vsftp-2.0.5-12.e15.i386.rpm。

【操作步骤】

查看 FTP 服务器是否安装，如果没有安装可以从第二张盘中的 Server 文件夹下找 vsftp-2.0.5-12.e15.i386.rpm 软件包进行安装。如果已经安装完软件包，在/etc/vsftp 目录下寻找 vsftp.conf 配置文件。

（1）查看 VSFTP 服务器软件包是否安装。

```
[root@supsun Server]#rpm-qa |grepvsftp-2.0.5-12.el5
vsftp-2.0.5-12.el5.i386.rpm
```

（2）安装 VSFTP 服务器软件包，首先需要进入到所在软件包目录。

```
[root@supsun Server]#rpm-ivhvsftp-2.0.5-12.el5.i386.rpm
warning:vsftp-2.0.5-12.el5.i386.rpm:Header V3 DSA signature:NOKEY,key ID 37017186
Preparing...###############################[100%]
1:vsftp##########################################[100%]
```

（3）修改/etc/vsftp/vsftp.conf。

```
[root@supsun Server]#vi/etc/vsftp/vsftp.conf
anonymous_enable=YES//匿名用户登录
local_enable=YES//允许本机使用者登录,默认值为YES
write_enable=YES//用户有写入的权限
local_umask=022//本地用户有上传文件的权限
dirmessage_enable=YES
xferlog_enable=YES//设置记录来访者的日志功能
connect_from_port_20=YES//传送数据的端口
ascii_upload_enable=YES
ascii_download_enable=YES
xferlog_file=/var/log/vsftp.log
async_abor_enable=YES
pam_service_name=vsftp
userlist_enable=YES
tcp_wrappers=YES
#anon_upload_enable=YES
#anon_mkdir_write_enable=YES
#chown_uploads=YES
#chown_username=whoever
#idle_session_timeout=600
#deny_email_enable=YES
```

（4）重启 VSFTP 并测试是否启动成功。如果登录不上 FTP 服务器，可能是防火墙的阻隔，所以应允许 FTP 服务通过防火墙。用 Anonymous 匿名用户登录 FTP 服务器。在 Linux 下，有两个匿名用户：Anonymous 和 FTP，而两个用户的密码都是空。

```
[root@supsun/]#/etc/init.d/vsftp restart
关闭vsftp:[确定]
启动vsftp:[确定]
[root@supsun/]# ftp localhost//登录的时候用匿名用户:Anonymous,密码为空
Connected to supsun.com.
220 (vsftp 2.0.5)
530 Please login with USER and PASS.
530 Please login with USER and PASS.
KERBEROS_V4 rejected as an authentication type
```

```
Name(localhost:root):anonymous
331 Please specify the password.
Password:
230 Login successful.
Remote system type isUNIX.
Using binary mode to transfer files.
ftp >
```

（5）新建系统用户，用系统用户登录 FTP 服务器，最后传送文件到服务器。新增一个系统用户 useradd testuser，使新增的系统用户密码为 123456。

```
[root@ supsun ~]# useradd testuser//增加一个系统用户
[root@ supsun ~]# passwd testuser
Changing password for user testuser.
NewUNIX password://输入密码为 123456
BAD PASSWORD:it is too simplistic/systematic
Retype newUNIX password://再次输入密码为 123456
passwd:all authentication tokens updated successfully.
[root@ supsun tmp]#ftp 10.1.6.250
Connected to 10.1.6.250.
220(vsftp 2.0.5)
530 Please login with USER and PASS.
530 Please login with USER and PASS.
KERBEROS_V4 rejected as an authentication type
Name(10.1.6.250:root):testuser
331 Please specify the password.
Password:
230 Login successful.
Remote system type isUNIX.
Using binary mode to transfer files.
ftp > dir
227 Entering Passive Mode(10,1,6,250,223,90)
150 Here comes the directory listing.
226 Directory send OK.
ftp > put/tmp/1.txt 1.txt//把 tmp 目录下的 1.txt 上传到服务器
local:/tmp/1.txt remote:1.txt
227 Entering Passive Mode(10,1,6,250,44,42)
150 Ok to send data.
226 File receive OK.
ftp > dir//查看一下刚才上传的文件
227 Entering Passive Mode(10,1,6,250,26,198)
150 Here comes the directory listing.
-rw-r--r--1 5005000 Aug 12 11:25 1.txt
226 Directory send OK.
ftp > bye
221 Goodbye.//最后退出服务器
```

任务2

【任务内容】

虚拟 FTP 用户配置。FTP 服务器配置，需求如下：

（1）新建系统用户。

（2）新建 FTP 虚拟用户。

（3）把虚拟用户映射成系统用户。

【系统及软件环境】

1. 操作系统：Red Hat AS 5.0
2. 本机服务 IP 地址：10.1.6.250/24
3. 服务器软件包

（1）db4 – utils – 4.3.29 – 9.fc6

（2）db4 – 4.3.29 – 9.fc6

（3）db4 – devel – 4.3.29 – 9.fc6

【操作步骤】

使用虚拟 FTP 用户，可以更安全地管理 FTP 服务。虚拟用户是系统虚拟出来的一个 FTP 用户。假如系统的 FTP 用户被破解了，如果被破解的 FTP 用户是系统用户，后果不堪设想。如果破解的是虚拟用户，破坏者是无权进入系统的。因此虚拟 FTP 用户更安全。

（1）查看 vsftp 是否安装。如果没有安装，可以从任务1中查看，这里不再示范。

（2）安装 db4 软件包。因为必须依靠 db4 软件包建立虚拟用户。

```
[root@supsun Server]# rpm - ivh db4 - devel - 4.3.29 - 9.fc6.i386.rpm
vsftp - 2.0.5 - 12.el5.i386.rpm rpm - ivh db4 - devel - 4.3.29 - 9.fc6.i386.rpm
warning:db4 - devel - 4.3.29 - 9.fc6.i386.rpm:Header V3 DSA signature:NOKEY,key ID 37017186
Preparing...###########################################[100%]
1:db4 - devel###########################################[100%]
[root@supsun Server]# rpm - ivh db4 - utils - 4.3.29 - 9.fc6.i386.rpm
warning:db4 - utils - 4.3.29 - 9.fc6.i386.rpm:Header V3 DSA signature:NOKEY,key ID 37017186
Preparing...###########################################[100%]
1:db4 - utils###########################################[100%]
```

（3）新建系统用户。让虚拟 FTP 用户与系统用户有对应关系，而 nologin 代表该用户有权使用系统资源，无权访问系统。

```
[root@supsun ~]#useradd - s/sbin/nologin testuser
[root@supsun pam.d]#chmod 700/home/testuser/
```

（4）建立虚拟用户口令文件，用户名为 test1，密码为 123456。

命令如下：

```
[root@supsun ~]#vi/etc/vsftp/logins_list
```

内容如下：

```
test1
123456
~
```

(5) 生成 VSFTP 的认证文件。

```
[root@ supsun ~]#db_load -T -t hash -f /etc/vsftp/logins_list /etc/vsftp/vsftp_login.db
[root@ supsun ~]#chmod 600 /etc/vsftp//vsftp_login.db ~
```

(6) 建立虚拟用户所需要的 PAM 配置文件。注意：这里与主配置文件中的 pam_service_name 参数相对应。

命令如下：

[root@ supsun ~]#cd /etc/pam.d/

[root@ supsun pam.d]#vi ftp

内容如下：

```
auth required /lib/security/pam_userdb.so db=/etc/vsftp/vsftp_login
account required /lib/security/pam_userdb.so db=/etc/vsftp/vsftp_login
```

(7) 修改 vsftp.conf 主配置文件，修改的内容如下：

```
pam_service_name = ftp //PAM 的配置文件
userlist_enable = YES
tcp_wrappers = YES
guest_enable = YES
guest_username = testuser //虚拟用户对应的系统用户
local_root = /ftp //虚拟用户登录的目录
user_config_dir = /etc/vsftp/user_config //指定每个虚拟用户账号的配置目录
```

因此要用命令创建 user_config 目录下的 /ftp 目录。

```
[root@ supsun pam.d]# mkdir /ftp
[root@ supsun pam.d]# mkdir /etc/vsftp/user_config
[root@ supsun pam.d]# mkdir /ftp/test1
[root@ supsun pam.d]# chmod -R 777 /ftp/test1
```

(8) 设定虚拟用户的目录文件，命令是：[root@ supsun pam.d] #vi /etc/vsftp/user_config/test1。内容如下：

```
write_enable = YES
anon_upload_enable = YES
anon_other_write_enable = YES
local_root = /ftp/test1
```

(9) 重新启动 VSFTP 服务。

```
[root@ supsun /]#service vsftp restart
关闭 vsftp：[确定]
启动 vsftp：[确定]
```

(10) 用虚拟用户进行测试。

```
[root@ supsun /]#ftp 10.1.6.250
Connected to 10.1.6.250.
220 (vsftp 2.0.5)
```

```
530 Please login with USER and PASS.
530 Please login with USER and PASS.
KERBEROS_V4 rejected as an authentication type
Name(10.1.6.250:root):test1
331 Please specify the password.
Password:
230 Login successful.
Remote system type isUNIX.
Using binary mode to transfer files.
ftp > dir
227 Entering Passive Mode(10,1,6,250,121,26)
150 Here comes the directory listing.
drwxrwxrwx2 004096 Aug 13 07:39 test1
226 Directory send OK.
ftp > bye
221 Goodbye.
```

12.5 FTP 服务配置中常见故障与分析

表 12-1 列出了在实验过程中可能出现的故障及其解决方法。

表 12-1 实验过程中可能出现的故障及分析

序号	实验故障	分析与解决
1	采用 service vsftp stop 命令将 FTP 服务器关闭，再修改/etc/xinetd.d/vsftp 配置文件，重启 VSFTP 服务，但无法打开 21 端口	可能是用户没有将/etc/vsftp/vsftp.conf 配置文件的末尾两行注释掉
2	无法启动 VSFTP 服务配置，例如： 启动 VSFTP：500 OOPS：unrecognised variable in config file：ocal_enable	可能是服务配置文件的参数错误，注意参数的大小写，有"#"在前代表注释
3	在测试的时候，无法登录 FTP 服务器	可能是防火墙阻挡了 FTP 服务，应该把防火墙关闭

了解 FTP 常规错误，可以很好地分析 FTP 服务的错误出现在哪里，从而更好地掌握 FTP 服务。FTP 常规错误说明如表 12-2 所示。

表 12-2 FTP 常规错误说明

错误编号	错误提示	错误编号	错误提示
202	命令失败	501	参数语法错误
225	数据连接打开，无传输正在进行	502	命令未实现
226	关闭数据连接，请求的文件操作成功	503	命令顺序错误
331	用户名正确，需要口令	504	此参数下的命令功能未实现
421	不能提供服务，关闭控制连接	530	未登录
451	中止请求的操作：有本地错误	532	存储文件需要账户信息
425	不能打开数据连接	550	未执行请求的操作
426	关闭连接，中止传输	551	请求操作中止：页类型未知
452	未执行请求的操作：系统存储空间不足	552	请求的文件操作中止，存储分配溢出
500	格式错误，命令不可识别	553	未执行请求的操作：文件名不合法

12.6 小　结

本项目详细介绍了 FTP 的概念、工作原理及如何搭建 FTP 服务器等知识要点，特别提醒初学者在搭建 FTP 服务器时一定要根据实际需求配置网络 FTP 服务，同时也要注意网络安全等问题。

12.7 习　题

配置一个高安全级别的匿名 FTP 服务器，实现以下功能：

在 Linux 平台安装 FTP 服务器，服务器监听端口号设置为 21，/var/ftp 目录可以实现匿名下载，/var/ftp/upload 可以实现匿名上传。

要求：

（1）上传本地硬盘 C 盘下的 ftptest.txt 文件到建立的 FTP 服务器下的/var/ftp/upload 目录。

（2）ftptest.txt 文件需要用户自己创建，文件内容为：This is FTP test file。

（3）在 Windows 系统中，使用 IE 登录 FTP 服务器，进入 upload 子目录，上传 ftptest.txt 文件，或是使用命令行登录 FTP 服务器，并上传 ftptest.txt 文件，进行 FTP 服务器测试。

项目十三 建立 Apache 服务器

│学习目标│

(1) 了解和熟悉 Apache 服务器的功能及原理；

(2) 掌握搭建 Apache 服务器的方法。

13.1　Web 服务器的简介

Web 服务器又称为 WWW（World Wide Web）服务器，它是采用 HTTP 协议的一种服务器，用户平时浏览的网页就是架构在这种服务器之上。通过 Web 服务器提供的 Web 发布服务，用户可以阅读新闻、查询资料，甚至和远方的用户实现声音和图像的交互。

1. WWW 的起源

WWW 是一种建立在 Internet 上的全球性的、交互的、动态的、跨平台的、分布式的图形信息系统。WWW 遵循 HTTP 协议，默认的 TCP/IP 端口是 80。

T. Nelson 于 1965 年提出"超文本（Hypertext）"概念，于 1967 年提出名为 Xanadu 的分布式计划。后来，欧洲粒子福利实验室（CERN）的 Tim Berners–Lee 在 Nelson 的影响下，提出了一个计划，目的是使科学家们容易查阅同行的文章，进一步演化成使科学家能在服务器上创建文档。该项目经历了两个月，于 1990 年 12 月完成了命令行方式的浏览器和 NeXTStep 浏览器的开发，可以浏览超文本文件和 CERN 的 Usenet。两年后，WWW 在 CERN 内部得到了广泛的使用。

一直至 1993 年 1 月，全球共有 30 台 Web 服务器。同年，伊利诺斯大学 Urbana–Champaign 分校的美国国家超级计算应用中心（NCSA），发行了一个新的浏览器软件，进而催生了浏览器软件 Netscape 和 Internet Explorer。从此，WWW 初具规模。现在，WWW 的应用已经超出原来的设想，成为 Internet 上最受欢迎的服务，WWW 极大地推动了 Internet 的普及。

2. WWW 的特点

WWW 常常被媒体描述成 Internet，许多人也把 WWW 当做 Internet。实际上，WWW 和 E–mail、FTP 等 Internet 服务一样，都只是 Internet 的一部分。由于 WWW 容易使用、直观、内容丰富等原因，WWW 成为最受大家欢迎的服务。

WWW 具有以下特点：

（1）图形化。WWW 提供了将图形、音频、视频等信息集合于一体的特性。易于导航。因为 Web 是基于超文本（Hypertext）建立的，可以从一个链接跳到另一个链接，从而能在各网页及各站点之间进行浏览。

（2）平台无关性。无论用户使用的是 Windows 平台、UNIX 平台、类 UNIX 平台、Machintosh 平台、OS/2 平台还是其他平台，只要安装了 Internet 浏览器，都可以通过 Internet 访问 WWW。

（3）动态性。各 Web 站点的所有者经常对站点上的信息进行更新，以尽量保证信息的时间性。因此，Web 站点上的信息是动态的、经常更新的。

（4）分布式。WWW 站点可以把大量的图形、音频和视频放在不同的站点上，只要在网页上指明这个站点的超文本，就可以使物理上不处于一个站点的信息在逻辑上一体化。

（5）交互性。Web 是基于超文本的，用户可以自主决定其浏览顺序。另外，用户可以通过表单的形式填写信息，然后向服务器提交，服务器根据用户的请求返回相应的信息，使用户获得动态信息。

3. WWW 的结构

WWW 基于 Browser/Server 结构。用户使用一种称为 Web 浏览器的客户端程序，以 HTTP 协议与进行 Web 发布的计算机（Web 服务器）通信。用户用 URL 请求文档，Web 服务器响应该请求，如果指定的文件存在并符合权限设置，则将指定的文档返回给用户。

Web 浏览器（Web Browser）是一个能够使计算机与 Web 服务器通信并显示服务器上存储的信息的程序。一般而言，Web 站点是一个具体的 Web 服务器或服务器的一部分，是按照一定的组织或主题保存的 Web 页的集合。Web 服务器还需要提供与客户端进行交互的机制，以满足用户网上购物、文章查询、实时聊天等服务需求。Web 服务器常用 CGI、ASP、ASP.NET、PHP、JSP 等编程语言作为交互的手段。

13.2 Apache 服务器的简介

Apache 是世界排名第一的 Web 服务器。根据 Netcraft（www.netsraft.co.uk）所做的调查，世界上百分之五十以上的 Web 服务器都在使用 Apache。

1995 年 4 月，最早的 Apache（0.6.2 版）由 Apache Group 公布发行。Apache Group 是一个完全通过 Internet 进行运作的非营利机构，由它来决定 Apache Web 服务器的标准发行版中应该包含哪些内容。Apache Group 准许任何人修改错误，提供新的特征和将它移植到新的平台上，以及其他的工作。当新的代码被提交给 Apache Group 时，该团体审核其具体内容，进行测试，如果认为满意，该代码就会被集成到 Apache 的主要发行版中。

Apache 的特性：

（1）几乎可以运行在所有的计算机平台上。

（2）支持最新的 HTTP/1.1 协议。

（3）简单而且强有力地基于文件的配置（httpd.conf）。

（4）支持通用网关接口（CGI）。

（5）支持虚拟主机。

（6）支持 HTTP 认证。

（7）集成 Perl。

（8）集成的代理服务器。

（9）可以通过 Web 浏览器监视服务器的状态，可以自定义日志。

（10）支持服务器端包含命令（SSI）。

（11）支持安全 Socket 层（SSL）。

（12）具有用户会话过程的跟踪能力。

（13）支持 FASTCGI。

（14）支持 JAVA Servlets。

Red Hat Linux 9.0 自带的 Apache 版本是 2.0.40，该版本与以往的 1.3 版本相比，增加了很多新的特性，主要包括：

（1）核心的增强。在支持 POSIX 线程的 UNIX/Linux 系统上，Apache2.0 能在混合多进程、多线程模式下运行，使很多（但不是全部的）配置的可扩缩性得到改善。

（2）新的编译系统。重写了原来的编译系统，现在是基于 autoconf 和 libtool，使得 Apache 的配置系统与其他软件包更加相似。

（3）多协议支持。

（4）对非 UNIX 平台更好地支持。Apache 2.0 在诸如 BeOS、OS/2 和 Windows 等非 UNIX 平台上有了更好的速度和稳定性。随着平台特定的 Multi – Processing Modules（MPMs）和 Apache Portable Runtime（APR）的引入，Apache 在这些平台上的指令由它们本地的 API 指令实现。避免了以往使用 POSIX 模拟层造成的 BUG 和性能低下。

（5）新的 Apache API。Apache 2.0 中模块的 API 有了重大改变。很多 1.3 中模块排序、模块优先级的问题已经不复存在了。2.0 自动处理了很多这样的问题，模块排序现在用 per – hook 的方法进行，从而拥有了更多的灵活性。另外，增加了新的调用以提高模块的性能，而无须修改 Apache 服务器核心。

（6）IPv6 支持。在所有能够由 Apache Portable Runtime 库提供 IPv6 支持的系统上，Apache 默认获得 IPv6 侦听套接字。另外，Listen、NameVirtualHost 和 VirtualHost 指令支持 IPv6 的数字地址串（比如：Listen［fe80::1］:8080）。

（7）过滤。Apache 的模块现在可以写成过滤器的形式，当内容流经它到服务器或从服务器到达的时候进行处理。例如，可以用 mod_include 中的 INCLUDES 过滤器将 CGI 脚本的输出解析为服务器端包含的指令。mod_ext_filter 允许外部程序充当过滤器的角色，就像用 CGI 程序做处理器一样。

（8）多语种错误回报。返回给浏览器的错误信息已经用 SSI 文档实现了多语种化。管理员可以利用该功能进行定制，以达到观感的一致。

（9）简化了配置。很多易混淆的配置项已经进行了简化。经常会产生混淆的 Port 和 BindAddress 配置项已经取消了；用于绑定 IP 地址的只有 Listen 指令；ServerName 指令中指定的服务器名和端口仅用于重定向和虚拟主机的识别。

（10）本地 Windows NT Unicode 支持。Apache 2.0 在 Windows NT 上的文件名全部使用 UTF – 8 编码。这个操作直接转换成底层的 Unicode 文件系统，由此为所有以 Windows NT（包括 Windows 2000 和 Windows XP）为基础的安装提供了多语言支持。目前尚未涵盖

Windows 95/98/ME 系统，因为它们仍使用机器本地的代码页进行文件系统的操作。

（11）正则表达式库更新。Apache 2.0 包含了兼容 Perl 的正则表达式库（PCRE）。所有的正则表达式都使用了更为强大的 Perl 5 的语法。

（12）模块的增强。

mod_ssl——Apache 2.0 中的新模块。该模块是一个面向 OpenSSL 提供的 SSL/TLS 加密协议的一个接口。

mod_dav——Apache 2.0 中的新模块。该模块继承了 HTTP 分布式发布和版本控制规范，用于发布和维护 Web 内容。

mod_deflate——Apache 2.0 中的新模块。该模块允许支持该功能的浏览器请求页面内容在发送前进行压缩，以节省网络带宽。

mod_auth_ldap——Apache 2.0.41 中的新模块。该模块允许使用 LDAP 数据库存储 HTTP 基本认证所需的信息。随之而来的另一个模块 mod_ldap 则提供了连接池和结果的缓冲。

mod_auth_digest——利用共享内存实现了对跨进程的 session 缓冲的额外支持。

mod_charset_lite——Apache 2.0 中的新模块。该模块允许针对字符集的转换重新编码。

mod_file_cache——Apache 2.0 中的新模块。该模块包含了 Apache 1.3 中 mod_mmap_static 模块的功能，并进一步增加了缓冲能力。

mod_headers——该模块在 Apache 2.0 中更具灵活性，可以更改 mod_proxy 使用的请求头信息，并可以有条件地设置回复头信息。

vmod_proxy——代理模块已经被完全重写，以充分利用新的过滤器结构的优势，从而实现一个更为可靠的兼容 HTTP/1.1 的代理模块。另外，新的指令提供了更具可读性（而且更快）的代理站点控制；而重载指令的方法已经不再支持。现在，该模块依照协议支持分为 proxy_connect、proxy_ftp 和 proxy_http 三个部分。

mod_negotiation——新的 ForceLanguagePriority 指令可以确保在所有情况下客户端都收到单一的一个文档，以取代不可接受或多选择的回应。另外，Negotiation 和 Multi-Views 算法已经进行了优化，以提供更完美的结果，并提供包括文档内容的新型类型表。

mod_autoindex——经自动索引后的目录列表可被配置为使用 HTML 表格，从而使格式更清晰；允许更为细化的排序控制，包括版本排序和通配符过滤目录列表。

mod_include——新的指令集允许修改默认的 SSI 元素的开始和结束标签，而且允许以主配置文件中的错误提示和时间格式的配置取代 SSI 文档中的相应部分。正则表达式（基于 Perl 的正则表达式）的解析和分组结果可以用 mod_include 的变量 $0 …… $9 取得。

vmod_auth_dbm——可以用 AuthDBMType 支持多种类似 DBM 的数据库。

13.3 Apache 服务器的常规操作

1. Apache 服务器的安装

一般情况下，Apache 随 Linux 系统一起安装。安装时，选择 Web Server 组件，即可在系统中安装 Apache。用户的工作主要是配置 Apache。

1）检查系统中是否已安装 apache

在 Red Hat Linux 下，用户可以执行以下命令检查系统中是否存在 Apache 及其版本信息：

```
[root@localhost ~]#rpm-qa |grep httpd
```

如果存在 Apache，则返回类似下面的信息：

```
httpd-2.2.3-6.el5
system-config-httpd-1.3.3.1-1.el5
httpd-manual-2.2.3-6.el5
```

2）安装 Apache 服务

方法一：RPM 安装

将 Red Hat Enterprise Linux 5 第二张安装盘放入光驱，加载光驱后在光盘的 Server 目录下找到 HTTP 服务的 RPM 安装包 httpd-2.2.3-6.el5.i386.rpm、httpd-manual-2.2.3-6.el5.i386.rpm、system-config-httpd-1.3.3.1-1.el5.noarch.rpm，然后使用下面的命令安装 HTTP 服务：

```
[root@localhost Server]#rpm -ivh httpd-2.2.3-6.el5.i386.rpm
[root@localhost Server]#rpm -ivh httpd-manual-2.2.3-6.el5.i386.rpm
[root@localhost Server]#rpm -ivh system-config-httpd-1.3.3.1-1.el5.noarch.rpm
```

方法二：源码包安装

步骤一：安装前的准备。

首先下载 Apache 2.0（可以从官方网站下载）。假设使用 Apache 2.0.15，用以下命令解压：

```
[root@localhost ~]#tar-xvzf httpd-2*.tar.gz
```

Apache 2.0 用 autoconf 和 libtool 决定要编译的部件，一般下载后的 tarball 文件已包含用于配置的 configure 脚本，如果想自己生成，可以使用命令/buildconf 重新建立。

configure 脚本有很多的选项，用以下命令可以查看详细的列表：

```
[root@localhost ~]#/configure-help
```

以下是几个主要的选项：

prefix——指定 Apache 安装的目标目录。

with-maintainer-mode——以完全的纠错方式编译。

with-mpm——指定多处理模块。

enable-module——指定哪些模块可以编译进 Apache，可以是模块列表，也可以是关键字 most。可以把一个模块列表中的所有模块都编译进去。

enable-mods-shared——指定哪些模块被编译为共享模块。

多处理模块（MPM）能对任意站点的 Apache 2.0 做调整。一个网站或操作系统上的配置在另一台机器或操作系统上可能会有迥然不同的结果，为了解决这个问题，系统管理员可以指定 Apache 服务器的运行方式。例如，在 UNIX 上有三种标准的 MPM：

（1）Prefork。与 Apache 1.3 是同样的模块，父进程派生一些子进程来处理请求，每个子进程有一个线程，同一时间只能处理一个请求，当服务器忙时，则派生新的子进程。

（2）Threaded。与 Prefork 相同，但每个子进程拥有指定数目的线程，具体的数目在 httpd.conf 中指定。

（3）Perchild。父进程创建指定数目的子进程，每个子进程带有最小数目的线程，当服务器忙时，进程创建更多的线程来处理请求。

步骤二：安装 Apache。

一旦 configure 脚本配置完成，即可进行安装。

```
[root@localhost ~]#make install
```

如果在 configure 中没有指定 prefix 参数，Apache 缺省的安装目录是/usr/local/apache。

如果以 root 用户安装 Apache，直接在浏览器上输入 http://localhost，即可看到一个 Apache 的测试页面。如果不是以 root 用户安装 Apache，则 Apache 的缺省端口为 8080，因此，浏览的地址应该为 http://localhost:8080/。

2. Apache 服务器的操作

1）启动 Apache 服务器

```
[root@localhost ~]#/etc/init.d/httpd start
或
[root@localhost ~]#service httpd start
```

2）停止 Apache 服务器

```
[root@localhost ~]#/etc/init.d/httpd stop
或
[root@localhost ~]#service httpd stop
```

3）重新启动 Apache 服务器

```
[root@localhost ~]#/etc/init.d/httpd restart
或
[root@localhost ~]#service httpd restart
```

4）查看 Apache 服务是否已启动

可以使用 netstat 命令查看 HTTP 默认端口 80 是否打开。

```
netstat -an |grep 53
```

13.4 Apache 服务器的主配置文件

在 Red Hat Linux 系统中，Apache 的配置文件放在/etc/httpd/conf/目录下。如果自行编译 Apache，安装路径视编译时指定的目录路径而定，默认是/usr/local/apache/conf。

在 conf 子目录下有四个文件（实际上从 2.0 开始就只有两个文件）：httpd.conf、srm.conf、access.conf、magic（注意：www-howto 文档说第四个文件是 mime.types，但在实际安装中，在 conf 子目录下是 magic 文件）。

httpd.conf 是 Apache 的主配置文件。httpd 程序启动时，先读取 httpd.conf。srm.conf 是数据配置文件，主要设置 WWW Server 读取文件的目录、目录索引时的画面、CGI 执行时的目录等。access.conf 负责基本的文件读取控制，限制目录能执行的功能以及访问目录的权限设置。事实上，当前版本的 Apache 为避免管理和维护的混乱，已经改为将所有 Apache 的相关配置命令放在 httpd.conf 文件中，不再使用 srm.conf 和 access.conf 文件。虽然这两个文件仍然存在，但文件中没有任何配置命令，形同虚设。

httpd.conf 文件分为以下 3 部分：

（1）Global Environment。

（2）Main server configuration。

（3）Virtual Hosts。

由于 httpd.conf 文件很长，这里只做一些相对实用、简单的配置介绍。

以下是 httpd.conf 中的几条指令（"//"后加入了注释说明）：

```
User apache//一般情况下,以 nobody 用户和 nobody 组运行 Web 服务器,因为 Web 服务器发出的所有的进程都是以 root 用户身份运行,存在安全风险
Group apache
ServerAdmin root@localhost//指定服务器管理员的 E-mail 地址,服务器自动将错误报告到该地址
ServerRoot/etc/httpd//服务器的根目录,一般情况下,所有配置文件都在该目录下
Timeout 300//接收和发送前超时秒数
KeepAlive On//是否允许稳固的连接(每个连接有多个请求),设为 Off 则停用
Listen 80//监听本机 80 端口
Listen 12.34.56.78:80//只监听指定的 IP 地址的 80 端口
LoadModule php5_module modules/libphp5.so//动态共享支持,这是加载 PHP5 的一种方法
ServerAdminyou@example.com//发生问题时 Apache 将向此地址发送邮件
ServerNamewww.domain.com:80//没有域名就填主机 IP 或者填 localhost
ServerName new.host.name:80//Web 客户搜索的主机名称
KeepAliveTimeout 15//规定连续请求之间等待 15 秒,若超过,则重新建立一条新的 TCP 连接
MaxKeepAliveRequests 100//永久连接的 HTTP 请求数
MaxClients 150//同一时间连接到服务器上的客户端总数
ErrorLog logs/error_log//指定错误日志文件的名称和路径
PidFile run/httpd.pid//存放 httpd 进程号,以方便停止服务器
Timeout 300//设置请求超时时间,若网速较慢,应增大设置值
DocumentRoot/var/www/html//用来存放网页文件
<Directory "/htdocs">//此处要设置为与 DocumentRoot 一样的目录
DirectoryIndex index.php index.html//定义当请求是一个目录时,Apache 向用户提供服务的文件名
LogLevel warn//控制记录在错误日志文件中的日志信息数量,值包括:debug、info、notice、warn、error、crit、alert、emerg
AllowOverride None//设置是否启用身份认证,一般位于<Directory "/htdocs">中,当需要为某个目录设置身份认证时需将 None 改为 AuthConfig 或 ALL
Order allow,deny//设置 IP 访问控制顺序,此例为先允许后拒绝,默认没有允许的全部拒绝
Order deny,allow//设置 IP 访问控制顺序,此例为先拒绝后允许,默认没有拒绝的全部允许
Allow from all//允许哪些 IP 地址或网段访问,all 表示所有。Allow from 172.16.100.0/24 表示允许 172.16.100.0/24 这个网段访问,Allow from 172.1.1.1 表示允许某个 IP 地址访问
Deny from all//拒绝哪些 IP 地址或网段访问,与 Allow from all 相反
```

13.5 Apache 配置项目案例

任务 1

【任务内容】

Apache 服务的默认配置，需求如下：

（1）创建一个具有个人主页的 HTTP 网络服务。
（2）实现该目录匿名访问。
（3）个人主页实现用户身份认证登录。

【系统及软件环境】

1. 操作系统：Red Hat AS 5.0
2. 本机服务 IP 地址：10.1.6.250/24
3. 服务器软件包

（1）httpd – 2.2.3 – 6.e15
（2）system – config – httpd – 1.3.3.1 – 1.e15
（3）httpd – manual – 2.2.3 – 6.e15

【实验配置文件】

1. /etc/httpd/conf/httpd.conf
2. /etc/httpd/authpwd

【操作步骤】

（1）通常 Apache 服务安装好启动 Apache 就能直接访问 Apache 的默认配置网页，只需在浏览器里输入 "http://服务器地址" 即可，如本机直接输入 http://10.1.6.250，得到的结果如图 13 – 1 所示。

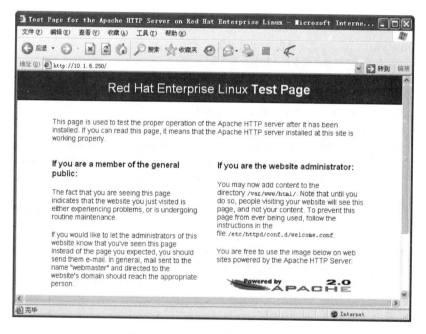

▲图 13 – 1　Apache 的默认配置网页

（2）个人主页身份认证。

● Apache 服务的匿名访问目录和个人主页目录。

进入默认网站主页目录，添加一个网页 index.htm，并为网页添加内容。

```
cd /var/www/html
echo "这是我的网站,欢迎光临!" > index.htm
```

在客户端 Windows 的 IE 浏览器里输入地址 http://10.1.15.222/index.htm 进行测试，测试结果如图 13-2 所示。

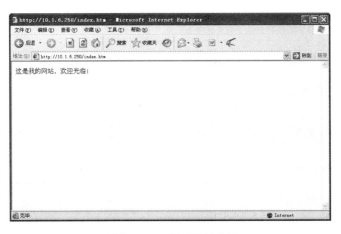

● 图 13-2　测试网站主页

打开主配置文件，设置主页文件为 index.htm，然后重启 httpd 服务，测试。

```
[root@localhost ~]#vi/etc/httpd/conf/httpd.conf
```

```
DirectoryIndex index.htm index.html.var main.htm main.html
```

```
[root@localhost html]#service httpd restart
停止 httpd：              [确定]
启动 httpd：              [确定]
```

● 个人主页身份认证，如图 13-3 所示。

● 图 13-3　个人主页身份认证

打开主配置文件。

```
[root@localhost ~]#vi/etc/httpd/conf/httpd.conf
```

配置 httpd.conf 文件，找到配置文件中 <Directory "/var/www/html" > 段，加入以下信息：

> Authtype Basic//一般选择 Basic 方式加密口令与口令系统
> AuthName"This is a authrization test.Please login:"//客户端认证窗口的提示信息,可以是任意内容
> AuthuserFile/etc/httpd/authpwd//确定验证用户账号与口令的数据库路径与文件名,这句很关键,当然也可以选择另外的路径与文件名
> Require user supsun//合法的用户才能登录

建立用户登录数据库文件。

> [root@localhost html]# htpasswd -c/etc/httpd/authpwd supsun
> New password://输入密码
> Re-type new password://确认密码
> Adding password for user supsun

重启 httpd 服务，测试。

> [root@localhost html]#service httpd restart
> 停止 httpd:　　　　　[确定]
> 启动 httpd:　　　　　[确定]

任务2

【任务内容】
Apache 服务的默认配置，需求如下：
（1）Apache 服务的符号链接和别名。
（2）实现基于 IP 地址的虚拟目录。
（3）实现基于域名的虚拟目录。

【系统及软件环境】
1. 操作系统：Red Hat AS 5.0
2. 本机服务 IP 地址：10.1.6.250/24
3. 服务器软件包
（1）httpd-2.2.3-6.e15
（2）system-config-httpd-1.3.3.1-1.e15
（3）httpd-manual-2.2.3-6.e15

【实验配置文件】
/etc/httpd/conf/httpd.conf

【操作步骤】
1. 虚拟主机和目录
（1）Apache 服务的符号链接和别名。
步骤一：新建符号目录和别名。

> [root@localhost html]# cd/var/www/
> [root@localhost www]# mkdir vhost1
> [root@localhost www]# mkdir vhost2
> [root@localhost www]# mkdir vhost3
> [root@localhost www]# cp/var/www/icons/*vhost1
> //略过目录"/var/www/icons/small"

```
[root@ localhost www]# cp/var/www/icons/*.gif vhost2
[root@ localhost www]# cp/var/www/icons/*.png vhost3
```

步骤二：配置主配置文件。

```
[root@ localhost www]#vi/etc/httpd/conf/httpd.conf
```

步骤三：在主配置文件中添加以下内容。

```
Alias/vhost1/"/var/www/vhost1/"
<Directory"/var/www/vhost1">
    Options Indexes MultiViews
    AllowOverride None
    Order allow,deny
    Allow from all
</Directory>
Alias/vhost2/"/var/www/vhost2/"
    <Directory"/var/www/vhost2">
    Options Indexes MultiViews
    AllowOverride None
    Order allow,deny
    Allow from all
</Directory>
Alias/vhost3/"/var/www/vhost3/"
<Directory"/var/www/vhost3">
    Options Indexes MultiViews
    AllowOverride None
    Order allow,deny
    Allow from all </Directory>
```

步骤四：重启 httpd 服务。

```
[root@ localhost www]#service httpd restart
停止 httpd：              [确定]
启动 httpd：              [确定]
```

步骤五：分别测试三个符号目录，结果如图 13-4、图 13-5 和图 13-6 所示。

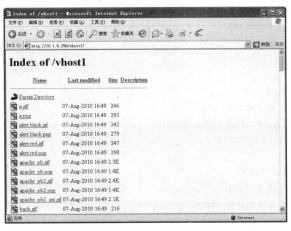

▲图 13-4　符号目录 1

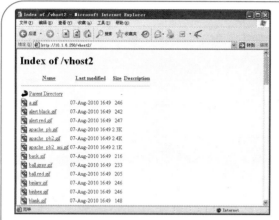

▲ 图13-5 符号目录2

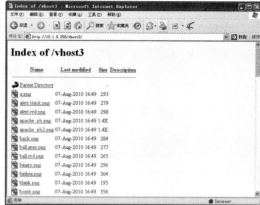

▲ 图13-6 符号目录3

（2）实现基于 IP 地址的虚拟目录。

步骤一：为网卡添加三个不同的 IP。

```
[root@localhost www]#ifconfig eth0:1 10.1.6.251 netmask 255.255.255.0 up
[root@localhost www]#ifconfig eth0:2 10.1.6.252 netmask 255.255.255.0 up
[root@localhost www]#ifconfig eth0:3 10.1.6.253 netmask 255.255.255.0 up
```

步骤二：为前面建立的三个符号链接目录添加一个网页，并在网页中添加内容。

```
[root@localhost www]#cd vhost1
[root@localhost vhost1]# echo"这是 vhost1 的网站,欢迎光临!" > index.htm
[root@localhost vhost1]# cd ./vhost2
[root@localhost vhost2]# echo"这是 vhost2 的网站,欢迎光临!" > index.htm
[root@localhost vhost2]# cd./vhost3
[root@localhost vhost3]# echo"这是 vhost3 的网站,欢迎光临!" >index.htm
```

步骤三：配置主配置文件。

```
[root@localhost vhost2]# vi /etc/httpd/conf/httpd.conf
```

步骤四：在主配置文件中添加以下内容。

```
<VirtualHost 10.1.6.251:80>
    ServerName 10.1.6.251:80
    DirectoryIndex index.htm index.html
    DocumentRoot /var/www/vhost1
</VirtualHost>
<VirtualHost 10.1.6.252:80>
    ServerName 10.1.6.252:80
    DirectoryIndex index.htm index.html
    DocumentRoot /var/www/vhost2
</VirtualHost>
<VirtualHost 10.1.6.253:80>
    ServerName 10.1.6.253:80
    DirectoryIndex index.htm index.html
    DocumentRoot /var/www/vhost3
</VirtualHost>
```

步骤五：重启 httpd 服务。

```
[root@localhost html]#service httpd restart
停止 httpd：              [确定]
启动 httpd：              [确定]
```

步骤六：测试，结果如图 13 – 7、图 13 – 8 和图 13 – 9 所示。

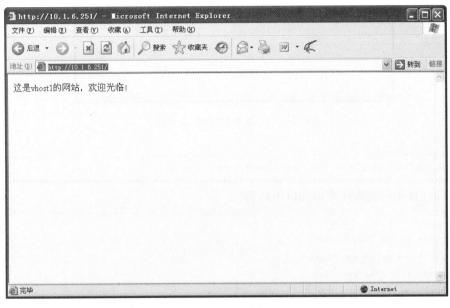

▲图 13 – 7　基于 IP 的虚拟主机 1

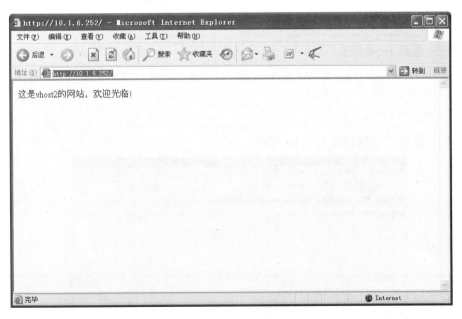

▲图 13 – 8　基于 IP 的虚拟主机 2

(3) 实现基于域名的虚拟目录。

步骤一：配置主配置文件。

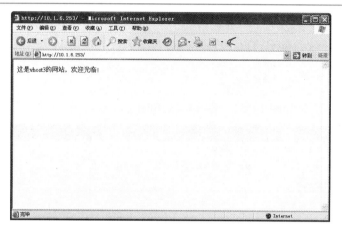

▲图 13 – 9　基于 IP 的虚拟主机 3

```
[root@ localhost html]# vi /etc/httpd/conf/httpd.conf
```

步骤二：在主配置文件中添加以下内容。

```
NameVirtualHost 10.1.6.250
<VirtualHost www.supsun.com>
    ServerAdmin mail@ supsun.com
    DocumentRoot /var/www/html
    ServerName www.supsun.com
    ErrorLog logs/dummy-host.example.com-error_log
    CustomLog logs/dummy-host.example.com-access_log common
</VirtualHost>
```

步骤三：重启 httpd 服务。

```
[root@ localhost html]# service httpd restart
停止 httpd:                    [确定]
启动 httpd:[确定]
```

步骤四：测试，结果如图 13 – 10 所示。

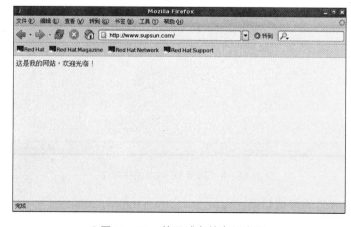

▲图 13 – 10　基于域名的虚拟主机

13.6 Apache 服务配置常见故障与分析

表 13-1 列出了 Apache 服务配置的常见故障与分析。

表 13-1 Apache 服务配置的常见故障与分析

序号	实验故障	分析与解决
1	在进行身份认证时，身份认证文件和用户认证文件都配置正确，但在测试浏览时，输入用户密码无法通过认证	可能是 SELinux 服务没有关闭，用户可以将/etc/selinux/config 文件中的 selinux = enforcing 改为 selinux = disable
2	在启动 httpd 服务时，提示警告某个 IP 地址无法解析	这是正常，若用户想将警告去除，可以在 Apache 服务中创建一个对应的 PTR 记录

13.7 小 结

本项目详细地介绍了 Apache 服务器的功能原理及配置方法，在搭建 Apache 服务器时要注意网页文件的权限以及网页的编码方式。

13.8 习 题

1. Apache 服务配置，完成功能如下：

服务器监听端口号设置为 8080，Windows 的客户端能够正常访问，在 Windows 系统，使用 IE 打开主页界面。

附：主页 index.html 文件的内容为：

This is Linux WWW server Test web site.

2. 搭建一个 Apache 服务器，网页文件存放位置为/etc/http，网页首页文件默认为 sy.html。

项目十四 Iptables 防火墙配置

| 学习目标 |

（1）了解防火墙的基本知识；
（2）了解 Iptables 的配置文件；
（3）掌握 Iptables 的配置方法与步骤。

14.1 防火墙的基本原理

防火墙能增强内部网络的安全性。防火墙系统决定了哪些内部服务可以被外部网络用户访问，哪些外部网络用户可以访问内部的服务，以及哪些外部服务可以被内部网络用户访问。防火墙只允许授权的数据通过，而且其本身也必须能够免于渗透。

一般来说，防火墙具有以下功能：

（1）允许网络管理员定义一个中心点来防止非法用户进入内部网络。

（2）可以很方便地监视网络的安全性，并报警。

（3）可以作为部署网络地址变换（Network Address Translation，缩写为 NAT）的地点，利用 NAT 技术，将有限的 IP 地址动态或静态地与内部的 IP 地址对应起来，以缓解地址空间的短缺。

（4）是审计和记录 Internet 使用费用的一个最佳位置。网络管理员可以在此向管理部门提供 Internet 连接的费用情况，查出潜在的带宽瓶颈位置，并能够依据本机构的核算模式提供部门级的计费情况。

（5）可以连接到一个单独的网段上，从物理上与内部网段隔开，并在此部署 WWW 服务器和 FTP 服务器，将其作为向外部发布内部信息的地点。从技术角度来讲，即是所谓的停火区（DMZ）。

目前流行的防火墙技术主要有两种：包过滤防火墙和代理防火墙（应用层网关防火墙）。其中，包过滤防火墙具有价格较低、性能开销小、处理速度较快等优点，但是定义复杂，容易因配置不当带来问题。另外，由于允许数据包直接通过，容易造成数据驱动式攻击的潜在危险。代理防火墙内置了专门为提高安全性而编制的 Proxy 应用程序，能够透彻地理解相关服务的命令，对来往的数据包进行安全化处理。优点是定义简单、安全性高，但也存在速度较慢的缺点，不太适用于高速网（ATM 或千兆位以太网等）之间的应用。

包过滤防火墙的发展经历了第一代的静态包过滤和第二代的动态包过滤两个阶段。代理类型的防火墙按其发展也可分为第一代的代理防火墙和第二代的自适应防火墙。

代理防火墙又称应用层网关（Application Gateway）防火墙。这种防火墙通过一种代理（Proxy）技术参与到一个 TCP 连接的全过程。从内部发出的数据包经过这样的防火墙处理后，就好像是源于防火墙外部网卡一样，从而可以达到隐藏内部网结构的作用。这种类型的防火墙被网络安全专家和媒体公认为是最安全的防火墙，其核心技术是代理服务器技术。代理防火墙的最大缺点是速度相对较慢（原因是基于应用层的协议），当用户对内外网络网关的吞吐量要求比较高时（如要求达到 75Mbps 时），代理防火墙就会成为内外网络之间的瓶颈。在实际应用中，在一些对速度要求不太高，但对安全性要求很高的网络环境中可考虑使用代理防火墙。

第二代的自适应代理防火墙采用自适应代理（Adaptive Proxy）技术，可以结合代理类型防火墙的安全性和包过滤防火墙高速度等优点，在毫不损失安全性的基础上将代理型防火墙的性能提高 10 倍以上。组成这种类型防火墙有两个基本要素：自适应代理服务器（Adaptive Proxy Server）与动态包过滤器（Dynamic Packet Filter）。

14.2 Iptables 简介

Netfilter/Iptables 应用程序被认为是 Linux 中实现包过滤功能的第四代应用程序。Netfilter/Iptables 包含在 Linux 2.4 版本以后的内核中，可以实现防火墙、NAT（网络地址翻译）和数据包的分割等功能。

Netfilter 工作在内核，Iptables 则是让用户定义规则集的表结构。Netfilter/Iptables 从 Ipchains 和 Ipwadfm（IP 防火墙管理）演化而来，功能更加强大。

网络流量由 IP 信息包（简称信息包，以流的形式从源系统传输到目的地系统的一些小块数据）组成。这些信息包有头（每个包前面附带的一些数据位），其中包含有关信息包的源、目的地址和协议类型等信息。防火墙根据一组规则检查这些头，以确定接受哪个信息包，拒绝哪个信息包。我们将这个过程称为信息包过滤。

Netfilter/Iptables IP 信息包过滤系统是一个功能强大的工具，由 Netfilter/Iptables 构建的防火墙属于前面介绍的包过滤防火墙。

Netfilter/Iptables 可用于添加、编辑和去除规则，这些规则是进行信息包过滤时防火墙遵循的规则。这些规则存储在专用的信息包过滤表中，而这些表集成在 Linux 内核中。在信息包过滤表中，规则被分组存放在所谓的链（Chain）中。

以下详细讨论这些规则，以及如何建立这些规则并将它们分组在链中。

虽然 Netfilter/Iptables IP 信息包过滤系统被称为单个实体，但实际上由 Netfilter 和 Iptables 两个组件组成。Netfilter 组件又称为内核空间（Kernel Space），是内核的一部分，由一些信息包过滤表组成，这些表包含内核用来控制信息包过滤处理的规则集，从底层实现数据包过滤的各种功能。如 NAT、状态检测以及高级数据包的匹配策略等。Iptables 组件是一种工具，又称为用户空间（User Space）。在用户空间里，Iptables 为用户提供控制内核空间工作状态的命令集，使插入、修改和除去信息包过滤表中的规则变得容易。

通过使用用户空间，用户可以构建自己的定制规则，这些规则存储在内核空间的信息包过滤表中。这些规则具有目标，它们告诉内核对来自某些源、前往某些目的地或具有某些协议类型的信息包做些什么。如果某个信息包与规则匹配，则使用目标 ACCEPT 允许该信息包通过，也可以用目标 DROP 或 REJECT 阻塞并杀死信息包。对于可对信息包执行的其他操作，还有许多其他目标。

根据规则处理的信息包类型，可以将规则分组存放在链中。处理入站信息包的规则被添加到 INPUT 链中，处理出站信息包的规则被添加到 OUTPUT 链中，处理正在转发的信息包的规则被添加到 FORWARD 链中。这三个链是基本信息包过滤表中内置的缺省主链。另外，还有其他许多可用的链的类型（如 PREROUTING 和 POSTROUTING），以及提供用户定义的链。每个链都可以有一个策略，用来定义"缺省目标"，即要执行的缺省操作，当信息包与链中的任何规则都不匹配时，执行该操作。

建立规则并将链存放在适当的位置后，可以开始进行真正的信息包过滤工作了。这时，内核空间从用户空间接管工作。当信息包到达防火墙时，内核先检查信息包的头信息，尤其是信息包的目的地。我们将这个过程称为路由。如果信息包源自外界并前往系统内部，而且防火墙是打开的，内核将其添加到内核空间信息包过滤表的 INPUT 链；如果信息包源自系统内部或系统连接的内部网上的其他源，并且该信息包要前往另一个外部系统，则信息包被添加到 OUTPUT 链。与此类似，源自外部系统并前往外部系统的信息包被添加到 FORWARD 链。如图 14-1 所示。

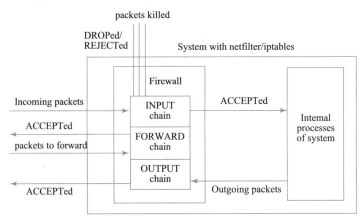

▲图 14-1　防火墙工作原理

接着，将信息包的头信息与其添加到的链中的每条规则进行比较，判断是否与某条规则完全匹配。如果信息包与某条规则匹配，内核就对该信息包执行由该规则的目标指定的操作；如果信息包与这条规则不匹配，它将与链中的下一条规则进行比较；最后，如果信息包与链中的任何规则都不匹配，内核将参考该链的策略决定如何处理该信息包。理想的策略应该告诉内核 DROP 该信息包。

14.3　Iptables 的安装和启动

由于 Netfilter/Iptables 的 Netfilter 组件与 Linux 内核 2.6.x 集成在一起，因而只需要下载并安装 Iptables 用户空间工具即可。很多书籍或参考资料一般把 Netfilter/Iptables 简称为 Iptables。

14.3.1 安装前的准备工作

开始安装 Iptables 用户空间工具前需要对系统进行某些修改。首先，需要用 make config 命令配置内核的选项。在配置期间，必须将 CONFIG_NETFILTER 和 CONFIG_IP_NF_IPTABLES 选项设置为 Y（打开），这是使得 Netfilter/Iptables 工作必需的操作。

以下是可能要打开的其他选项：

（1）CONFIG_PACKET，如果要使应用程序和程序直接使用某些网络设备，该选项是有用的。

（2）CONFIG_IP_NF_MATCH_STATE，如果要配置有状态的防火墙，该选项非常重要且很有用。这类防火墙会记得先前关于信息包过滤所做的决定，并根据它们做出新的决定（后面再作进一步讨论）。

（3）CONFIG_IP_NF_FILTER 提供一个基本的信息包过滤框架。如果打开该选项，会将一个基本过滤表（带有内置的 INPUT、FORWARD 和 OUTPUT 链）添加到内核空间。

（4）CONFIG_IP_NF_TARGET_REJECT 允许指定：应该发送 ICMP 错误消息来响应已被 DROP 掉的入站信息包，而不是简单地杀死它们。

14.3.2 安装用户空间工具

下载 Iptables 用户空间工具的源代码（类似于 iptables – 1.2.6a.tar.bz2）后，可以开始安装。安装时，需要以根用户身份登录。

（1）解压缩源文件，命令如下：

#bzip2 – d iptables – 1.2.6a.tar.bz2

#tar – xvf iptables – 1.2.6a.tar

该操作将源文件解压到目录 iptables –1.2.6a 下，该目录下有很多关于安装和编译的信息。

（2）进入目录 iptables – 1.2.6a：

#cd iptables – 1.2.6a

（3）编译用户空间工具：

#make KERNEL_DIR = /usr/src/linux/

语句 KERNEL_DIR = /usr/src/linux/指定内核目录的路径，如果内核的目录不在这里，需要正确地指定相应的目录。

（4）用以下命令安装二进制源码：

#make install KERNEL_DIR = /usr/src/linux/

（5）至此，安装完成。

该 Linux 发行版的标准安装中包含了 Iptables 用户空间工具。缺省情况下，这个工具是关闭的。为了使该工具运行，需要执行以下步骤：

（1）用下面的命令关闭旧的 Ipchains 模块：

#chkconfig – – level 0123456 ipchains off

（2）彻底停止正在运行的 Ipchains，防止 Ipchains 和 Iptables 之间发生冲突。用以下命令停止 Ipchains：

#service ipchains stop

(3) 如果不希望旧的 Ipchains 保留在系统中，可以用以下命令移除：

#rpm – e ipchains

(4) 用以下命令开启用户空间工具 Iptables：

#chkconfig – – level 235 iptables on

(5) 用以下命令激活 Iptables 服务，使用户空间工具正常运行：

#service iptables start

(6) 到此，用户空间工具 Iptables 可以正常工作了。

Netfilter/Iptables 系统正常运行以后，需要建立一些规则和链来过滤信息包。

14.4 Iptables 的配置文件

(1) 脚本启动文件：/etc/rc.d/init.d/iptables。
(2) 主配置文件：/etc/sysconfig/iptables – config、/etc/sysconfig/ip6tables – config。
(3) 守护进程配置文件：/sbin/iptables。

14.5 Iptables 三种表的介绍

Iptables 中共有三种表，分别是 Mangle、Nat 和 Filter。每个表都包含几个内部的链，也包含用户定义的链。每个链都是一个规则列表，与对应的包进行匹配；每条规则指定应当如何处理与之相匹配的包。如果未指定，则 Filter 作为默认表。各表实现的功能如表 14 – 1 所示。

表 14 – 1 三种表实现的功能

表名	作用
Mangle	包含一些规则来标记应用于高级路由的信息包。如果信息包及其信息包包头内进行了任何的更改，则使用该表。我们可以改变不同的包及包头的内容，比如 TTL、TOS 或 MARK。注意 MARK 并没有真正地更改数据包，它只是在内核空间为包设了一个标记。防火墙内的其他的规则或程序（如 TC）可以使用这种标记对包进行过滤或高级路由。这个表有五个内建的链：PREROUTING、POSTROUTING、OUTPUT、INPUT 和 FORWARD。PREROUTING 在包进入防火墙之后，路由判断之前更改包。POSTROUTING 是在所有路由判断之后更改包。OUTPUT 是在确定包的目的地之前更改数据包。INPUT 在包被路由到本地之后，但在用户空间的程序看到它之前更改。FORWARD 是在最初的路由判断之后，最后一次更改包之前 Mangle 包。注意，Mangle 表不能做任何 NAT，它只是更改数据包的 TTL、TOS 或 MARK，而不是其源、目的地址。NAT 是在 Nat 表中操作的
Nat	Nat 表的主要用处是网络地址转换，即 Network Address Translation，缩写为 NAT。做过 NAT 操作的数据包的地址就被改变了，当然这种改变是根据我们的规则进行的。属于一个流的包只会经过这个表一次。如果第一个包被允许做 NAT 或 Masqueraded 操作，那么余下的包都会自动地做相同的操作。也就是说，余下的包不会再通过这个表，一个一个地被 NAT，自动地完成。这就是为什么我们不应该在这个表中做任何过滤的主要原因，对这一点，后面会有更加详细地讨论。PREROUTING 链的作用是在包刚刚到达防火墙时改变它的目的地址（如果需要的话）。OUTPUT 链改变本地产生的包的目的地址。POSTROUTING 链在包就要离开防火墙之前改变其源地址

续表

表名	作用
Filter	Filter 表是专门用来过滤包的，内建三个链，可以对包进行 DROP、LOG、ACCEPT 和 REJECT 等操作。FORWARD 链过滤所有不是本地产生的并且目的地不是本地（所谓本地就是防火墙）的包，而 INPUT 链恰恰针对那些目的地是本地的包。OUTPUT 链是用来过滤所有本地生成的包的。如无特别指定，此表为默认表

1. Iptables 各表中的链

Iptables 把 IP 过滤规则归并到链中，IP 报文遍历规则链接受处理，还可以将其送到另外的链接受处理，或最后由默认策略（ACCEPT、DROP、REJECT）处理。因此，可以把链理解为 IP 过滤规则的集合。

2. Iptables 各个链中的操作

如前所述，链是 IP 过滤规则的集合。需要对链进行操作时，例如增加一条规则或删除一条规则，都需要用命令（Command）来完成。

命令（Command）指定 Iptables 对所提交规则的操作。这些操作可能是在某个表里增加或删除一些东西，或是其他操作，如表 14-2 所示。

注意：Filter 表是默认表。

表 14-2　Iptables 可用的命令

命令	例子	解释
-A，--append	iptables -A INPUT ...	在所选择的链末尾添加规则。当源地址或目的地址是以名字而不是 IP 地址的形式出现时，若这些名字可以被解析为多个地址，则这条规则会和所有可用的地址结合
-D，--delete	iptables -D INPUT --dport 80 -j DROP 或 iptables -D INPUT 1	从所选链中删除规则。有两种方法指定要删除的规则：一是把规则完完整整地写出来，二是指定规则在所选链中的序号（每条链的规则都各自从 1 被编号）
-R，--replace	iptables -R INPUT 1 -s 192.168.0.1 -j DROP	在所选中的链里指定的行中（每条链的规则都各自从 1 被编号）替换规则。它主要的用处是试验不同的规则。当源地址或目的地址是以名字而不是 IP 地址的形式出现时，若这些名字可以被解析为多个地址，则这条命令会失败
-I，--insert	iptables -I INPUT 1 --dport 80 -j ACCEPT	根据给出的规则序号向所选链中插入规则。如果序号为 1，规则会被插入链的头部。默认序号是 1
-L，--list	iptables -L INPUT	显示所选链的所有规则。如果没有指定链，则显示指定表中的所有链。如果什么都没有指定，就显示默认表的所有链。输出受其他参数影响，如 -v 和 -n 等参数，表 14-3 会介绍
-F，--flush	iptables -F INPUT	清空所选的链。如果没有指定链，则清空指定表中的所有链。如果什么都没有指定，就清空默认表的所有链。当然，也可以一条一条地删，但用这个命令会快些
-Z，--zero	iptables -Z INPUT	把指定链（如未指定，则认为是所有链）的所有计数器归零

续表

命令	例子	解释
－N，－－new－chain	iptables －N allowed	根据用户指定的名字建立新的链。上面的例子建立了一个名为 allowed 的链。注意，所用的名字不能和已有的链、Target 同名
－X，－－delete－chain	iptables －X allowed	删除指定的用户自定义链。这个链必须没有被引用，如果被引用，在删除之前用户必须删除或者替换与之有关的规则。如果没有给出参数，这条命令将会删除默认表的所有非内建的链
－P，－－policy	iptables －P INPUT DROP	为链设置默认的 Target（可用的是 DROP 和 ACCEPT），这个 Target 称作策略。所有不符合规则的包都被强制使用这个策略，只有内建的链才可以使用规则。但内建的链和用户自定义的链都不能被作为策略使用，也就是说不能像这样使用：iptables －P INPUT allowed（或者是内建的链）
－E，－－rename－chain	iptables －E allowed disallowed	对自定义的链进行重命名，原来的名字在前，新名字在后。如上，就是把 allowed 改为 disallowed。这仅仅是改变链的名字，对整个表的结构、功能没有任何影响

使用 Iptables 时，如果必需的参数没有输入，则给出提示信息，告诉用户需要哪些参数。Iptables 的选项 －v 用来显示 Iptables 的版本，如表 14－3 所示。

表 14－3 Iptables 部分选项及其作用

选项	可用此选项的命令	说明
－v，－－verbose（详细的）	－－list，－－append，－－insert，－－delete，－－replace	这个选项使输出详细化，常与 －－list 连用。与 －－list 连用时，输出包括网络接口的地址、规则的选项、TOS 掩码、字节和包计数器，其中计数器是以 k、M、G（这里用的是 10 的幂而不是 2 的幂）为单位的。如果想知道到底有多少个包、多少字节，还要用到选项 －x，下面会介绍。如果 －v 和 －－append、－－insert、－－delete 或 －－replace 连用，Iptables 会输出详细的信息告诉用户规则是如何被解释的、是否正确地插入，等等
－x，－－exact（精确的）	－－list	和 －－list 连用，输出的计数器显示准确的数值，而不用 k、M、G 等估值。注意此选项只能和 －－list 连用
－n，－－numeric（数值）	－－list	使输出的 IP 地址和端口以数值的形式显示，而不是默认的名字，比如主机名、网络名、程序名等。注意此选项也只能和 －－list 连用
－－line－numbers	－－list	又是一个只能和 －－list 连用的选项，作用是显示出每条规则在相应链中的序号。这样用户可以知道序号了，这对插入新规则很有用
－c，－－set－counters	－－insert，－－append，－－replace	在创建或更改规则时设置计数器，语法：－－set－counters 20 4000，意思是让内核把包计数器设为 20，把字节计数器设为 4000
－－modprobe	All	此选项告诉 Iptables 探测并装载要使用的模块。这是非常有用的一个选项，万一 modprobe 命令不在搜索路径中，就要用到这个选项。有了这个选项，在装载模块时，即使有一个需要用到的模块没装载上，Iptables 也知道要去搜索

14.6 Iptables 的语法条件说明

典型的包过滤防火墙设置两个网卡：一个流入，另一个流出。Iptables 读取流入和流出数据包的头，将它们与规则集（Rule Set）比较，将可接受的数据包从一个网卡转发至另一个网卡；对被拒绝的数据包，可以丢弃或按照自定义的方式处理。

通过向防火墙提供对来自某个源地址、到某个目的地址或具有特定协议类型的信息包进行操作的指令和规则，来控制信息包的过滤。可以用系统提供的特殊命令 Iptables 建立这些规则，并将其添加到内核空间特定信息包过滤表内的链中。关于添加、去除、编辑规则的命令，一般语法如下：

iptables[-t table] command[match][target/jump]

-t table——允许用标准表之外的任何表。表是包含仅处理特定类型信息包的规则和链的信息包过滤表。有3种可用的表选项：Filter、Nat 和 Mangle。该选项不是必需的，如果未指定，则用 Filter 作默认表。

command——Iptables 命令中最重要的部分，指出 Iptables 命令的操作。例如，插入规则、将规则添加到链的末尾或删除规则。具体的命令可参考表14-2。

match——可选项，指定信息包与规则匹配应具有的特征（如源地址、目的地址和协议等）。匹配分为两大类：通用匹配和特定于协议的匹配。表14-4列出了主要的可用于任何协议的信息包的通用匹配，特定于协议的匹配这里不一一列出。

表14-4 主要的可用于任何协议的信息包的通用匹配

匹配	例子	解释
-p, --protocol	iptables -A INPUT -p tcp	匹配指定的协议。指定协议的形式有以下几种： （1）名字，不分大小写，但必须是在/etc/protocols 中定义的； （2）可以使用它们相应的整数值。例如，ICMP 的值是1，TCP 是6，UDP 是17； （3）缺省设置，ALL，相应数值是0。但要注意这只代表匹配 TCP、UDP、ICMP，而不是/etc/protocols 中定义的所有协议； （4）可以是协议列表，以英文逗号为分隔符，如：udp, tcp； （5）可以在协议前加英文的感叹号表示取反，注意有空格，如 --protocol ! tcp 表示非 TCP 协议，也就是 UDP 或 ICMP。可以看出这个取反的范围只在 TCP、UDP 和 ICMP 中
-s, --src, --source	iptables -A INPUT -s 192.168.1.1	以 IP 源地址匹配包。地址的形式如下： （1）单个地址，如 192.168.1.1，也可写成 192.168.1.1/255.255.255.255 或 192.168.1.1/32； （2）网络，如 192.168.0.0/24 或 192.168.0.0/255.255.255.0； （3）在地址前加英文感叹号表示取反，注意空格，如 --source ! 192.168.0.0/24 表示除此地址外的所有地址； （4）缺省是所有地址

续表

命令	例子	解释
-d, --dst, --destination	iptables - A INPUT - d 192.168.1.1	以 IP 目的地址匹配包。地址的形式和 --source 完全一样
-i, --in-interface	iptables - A INPUT - i eth0	以包进入本地所使用的网络接口来匹配包。要注意这个匹配操作只能用于 INPUT、FORWARD 和 PREROUTING 这三个链，用在其他任何地方都会提示错误信息。指定接口方法： （1）指定接口名称，如：eth0、ppp0 等； （2）使用通配符，即英文加号，它代表字符、数字串。若直接用一个加号，即 iptables - A INPUT - i + 表示匹配所有的包，而不考虑使用哪个接口。这也是不指定接口的默认行为。通配符还可以放在某一类接口的后面，如 eth + 表示所有 ethernet 接口，也就是说，匹配所有从 eth 接口进入的包； （3）在接口前加英文感叹号表示取反，注意空格，如 - i ! eth0 意思是匹配来自除 eth0 外的所有包
-o, --out-interface	iptables - A FORWARD - o eth0	以包离开本地所使用的网络接口来匹配包。使用的范围和指定接口的方法与 --in-interface 完全一样
-f, --fragment	iptables - A INPUT - f	用来匹配一个被分片的包的第二片或以及其以后的部分。因为它们不包含源或目的地址或 ICMP 类型等信息，其他规则无法匹配到它，所以才有这个匹配操作。要注意碎片攻击。这个操作也可以加英文感叹号表示取反，但要注意位置，如：! - f。取反时，表示只能匹配到没有分片的包或者是被分片的包的第一个碎片，其后的碎片都不行。现在内核有完善的碎片重组功能，可以防止碎片攻击，所以不必使用取反功能来防止碎片通过。如果用户使用连接跟踪，是不会看到任何碎片的，因为在它们到达链之前就被处理过了

目标（Target/Jump）：决定符合条件的包到何处去，语法是 --jump target 或 -j target。目标细分为两类，即 Target 和 Jump。Target 和 Jump 大部分是一样的，唯一的区别是 Jump 的目标是一个在同一个表内的链；Target 的目标是具体的操作，如 ACCEPT 和 DROP 是两个基本的 Target。

例如，前面提到的用户自定义链要用到 -N 命令。

以下命令在 Filter 表中建立一个名为 tcp_packets 的链：

```
iptables -N tcp_packets
```

然后把它作为 Jump 的目标：

```
iptables -A INPUT -p tcp -j tcp_packets
```

这样，就可从 INPUT 链跳入 tcp_packets 链，开始在 tcp_packets 中遍历。如果到达 tcp_packets 链的结尾（即未被链中的任何规则匹配），则退到 INPUT 链的下一条规则继续。如果在子链中被 ACCEPT，相当于在父链中被 ACCEPT，则不会再经过父链中的其他规则。

Target 指定要对包做的操作，如 DROP 和 ACCEPT 等。不同的 Target 有不同的结果。某些 Target 会使包停止前进，即不再继续比较当前链中的其他规则，或父链中的其他规则。最好的例子是 DROP 和 ACCEPT。另外一些 Target 在对包完成操作后，包还会继续和其他的规则比较，如 LOG、ULOG 和 TOS。它们对包进行记录、标识，然后让包通过，以便匹配这条链中的其他规则。

有了这样的 Target，就可以对同一个包既改变其 TTL，又改变其 TOS。有些 Target 必须要有准确的参数（如 TOS 需要确定的数值），有些不需要（也可以指定，如日志的前缀，伪装使用的端口等）。

以下是一些常用的目标及其示例和说明：

ACCEPT——当信息包与具有 ACCEPT 目标的规则完全匹配时，将被接受（允许前往目的地），并且将停止遍历链（虽然该信息包可能遍历另一个表中的其他链，且有可能在那里被丢弃）。该目标被指定为 –j ACCEPT。

DROP——当信息包与具有 DROP 目标的规则完全匹配时，将阻塞该信息包，且不做进一步处理。该目标被指定为 –j DROP。

REJECT——该目标的工作方式与 DROP 目标相同，但比 DROP 好。与 DROP 不同，REJECT 不会在服务器和客户端上留下死的套接字。另外，REJECT 将错误消息发回给信息包的发送方。该目标被指定为 –j REJECT。

例如：

```
#iptables - A FORWARD - p TCP - - dport 22 - j REJECT
```

RETURN——在规则中设置的 RETURN 目标让该规则匹配的信息包停止遍历包含该规则的链。如果链是如 INPUT 之类的主链，则用该链的缺省策略处理信息包。该目标被指定为 –jump RETURN。

例如：

```
#iptables - A FORWARD - d 203.16.1.89 - jump RETURN
```

还有许多用于建立高级规则的其他目标，如 LOG、REDIRECT、MARK、MIRROR 和 MASQUERADE 等。

用上述方法建立的规则保存在内核中，重新引导系统时，将丢失这些规则。因此，如果将没有错误且有效的规则集添加到信息包过滤表时，若希望在重新引导后再次使用这些规则，则必须将这些规则集保存在文件中。

可以用 iptables – save 命令做到这一点，即：

```
#iptables - save > iptables - script
```

至此，信息包过滤表中的所有规则都被保存在文件 iptables – script 中。无论何时再次引导系统，都可以用 iptables – restore 命令将规则集从该脚本文件恢复到信息包过滤表中，即：

```
#iptables - restore iptables - script
```

如果愿意在每次引导系统时自动恢复该规则集，可以将以上命令放到任何一个初始化 Shell 脚本中。

14.7 Iptables 的实例

Iptables 的规则相当多，也相当灵活，读者需要多学习、多练习才能掌握好。

以下给出一个简单的 Iptables 防火墙的实例。

例：防火墙目标功能：

假设有两个网络接口，其中，eth0 连接局域网，Loop 是回环网（Localhost）。ppp0 是 ADSL 上网的 Internet 网络接口，希望能访问 WWW，允许 DNS 访问，并且提供 WWW 服务。

具体操作如下：

```
#service iptables stop
#service iptables start
#iptables-P INPUT DROP
#iptables-A INPUT-i! ppp0-j ACCEPT
#iptables-A INPUT-i ppp0-p tcp-sport 80-j ACCEPT
#iptables-A INPUT-i ppp0-p udp-sport 53-j ACCEPT
```

将以上规则写成脚本文件：

```
#!/bin/bash
#This is a script
#establish static firewall
service iptables stop
service iptables start
iptables-P INPUT DROP
iptables-A INPUT-i! ppp0-j ACCEPT
iptables-A INPUT-i ppp0-p tcp--sport 80-j ACCEPT
iptables-A INPUT-i ppp0-p udp--sport 53-j ACCEPT
```

14.8 小　结

本项目重点介绍了防火墙的功能、操作方法，并详细地描述了防火墙，要注意各个端口的开放，及防火墙设置时不需要的端口都禁止掉等事项。

14.9 习　题

1. 防火墙的基本原理。
2. Iptables 的配置文件，开放 SSH 的端口。
3. 解析 iptables – A INPUT – s 192.168.1.1 的信息含义。

项目十五 MySQL 服务配置

|学习目标|

(1) 掌握 MySQL 数据库的安装方法；
(2) 了解 MySQL 数据库的常用配置文件；
(3) 掌握 MySQL 的使用方法。

15.1 MySQL 服务的概述

MySQL 是一个小型关系型数据库管理系统，开发者为瑞典的 MySQL AB 公司。目前 MySQL 被广泛地应用在 Internet 的中小型网站中。由于其体积小、速度快、总体拥有成本低，尤其是开放源码这一特点，许多中小型网站为了降低网站总体拥有成本而选择 MySQL 作为网站数据库。

15.1.1 MySQL 的特性

(1) 使用 C 和 C++编写，并使用了多种编译器进行测试，保证了源代码的可移植性。
(2) 支持 AIX、FreeBSD、HP-UX、Linux、Mac OS、Novell Netware、OpenBSD、OS/2 Wrap、Solaris、Windows 等多种操作系统。
(3) 为多种编程语言提供了 API。这些编程语言包括 C、C++、Eiffel、Java、Perl、PHP、Python、Ruby 和 TCL 等。
(4) 支持多线程，充分利用 CPU 资源。
(5) 优化的 SQL 查询算法，有效地提高了查询速度。
(6) 既能够作为一个单独的应用程序应用在客户端/服务器网络环境中，也能够作为一个库嵌入到其他的软件中，并提供多语言支持，常见的编码如中文的 GB2312 和 BIG5、日文的 Shift_JIS 等都可以用作数据表名和数据列名。
(7) 提供 TCP/IP、ODBC 和 JDBC 等多种数据库连接途径。
(8) 提供用于管理、检查、优化数据库操作的管理工具。
(9) 可以处理拥有上千万条记录的大型数据库。

15.1.2　MySQL 的应用

与其他的大型数据库如 Oracle、DB2、SQL Server 等相比，MySQL 自有它的不足之处，如规模小、功能有限等，但是这丝毫也没有减少它受欢迎的程度。对于一般的个人使用者和中小型企业来说，MySQL 提供的功能已经绰绰有余，而且由于 MySQL 是开放源码的软件，因此可以大大降低总体拥有成本。

目前 Internet 上流行的网站构架方式是 LAMP（Linux + Apache + MySQL + PHP），即使用 Linux 作为操作系统，Apache 作为 Web 服务器，MySQL 作为数据库，PHP 作为服务器的脚本解释器。由于这四个软件都是遵循 GPL 的开放源码软件，因此使用这种方式不用花一分钱就可以建立起一个稳定的网站系统。

15.1.3　MySQL 的管理

可以使用命令行工具管理 MySQL 数据库（命令是 mysql 和 mysqladmin），也可以从 MySQL 的网站下载图形管理工具 MySQL Administrator 和 MySQL Query Browser。

phpMyAdmin 是由 PHP 写成的 MySQL 资料库系统管理程序，让管理者可以用 Web 界面管理 MySQL 资料库。

phpMyBackupPro 也是由 PHP 写成的，可以透过 Web 界面创建和管理数据库。它可以创建伪 cronjobs，可以用来自动在某个时间或周期备份 MySQL 数据库。

15.1.4　MySQL 的存储引擎

MyISAM——MySQL 的默认数据库，最为常用。它拥有较高的插入、查询速度，支持 ACID 事务，支持行级锁定 BDB（源自 Berkeley DB，事务型数据库的另一种选择），支持 COMMIT 和 ROLLBACK 等其他事务特性，但不支持 InnoDB 事务型数据库的首选引擎。

Memory——所有数据置于内存的存储引擎，拥有极高的插入、更新和查询效率，但是会占用和数据量成正比的内存空间，并且其内容会在 MySQL 重新启动时丢失。

Merge——将一定数量的 MyISAM 表联合成一个整体，在超大规模数据存储时很有用。

Archive——非常适合存储大量的、独立的、作为历史记录的数据，因为它们不经常被读取。Archive 拥有高效的插入速度，但其对查询的支持相对较差。

Federated——将不同的 MySQL 服务器联合起来，在逻辑上组成一个完整的数据库，非常适合分布式应用。

Cluster/NDB——高冗余的存储引擎，用多台数据机器联合提供服务以提高整体性能和安全性。适合数据量大、安全和性能要求高、应用 CSV 逻辑上由逗号分隔数据的存储引擎 BlackHole（黑洞引擎），写入的任何数据都会消失。

15.2　MySQL 的安装

几乎所有的 Linux 发行版本都内置了 MySQL 数据库，Red Hat Enterprise Linux 4 Update1 也是这样，它内置了 MySQL 4.1.10a，只不过系统安装程序默认仅安装了 MySQL 的客户程序。可使用下面的命令检查系统是否已经安装了 MySQL 或查看已经安装了哪种版本：

```
#rpm-qa |grep mysql
```
如果没有安装，可以找到第二张和第四张安装盘重新安装，也可使用下面的方式重新安装较新的版本。

15.2.1 下载 MySQL 的安装文件

安装 MySQL 需要两个文件：
（1）MySQL–server–5.2.0–0.glibc23.i386.rpm。
（2）MySQL–client–5.2.0–0.glibc23.i386.rpm。

15.2.2 MySQL 的安装

RPM 文件是 Red Hat 公司开发的软件安装包，RPM 可让 Linux 在安装软件包时免除许多复杂的手续。该命令在安装时常用的参数是 –ivh，其中 i 表示将安装指定的 RPM 软件包，v 表示安装时的详细信息，h 表示在安装期间出现"#"符号来显示目前的安装过程，这个符号将持续到安装完成后才消失。

（1）安装服务器。

在有两个 RPM 文件的目录下运行如下命令：

```
[root@ test1 local]#rpm-ivh MySQL-server-5.2.0-0.glibc23.i386.rpm
```

测试是否可成功运行，用 netstat 命令查看 MySQL 端口是否打开，如打开表示服务已经启动，安装成功。MySQL 默认的端口是 3306。

```
[root@ test1 local]#netstat-nat
Active Internet connections(servers and established)
ProtoRecv-QSend-QLocal AddressForeign AddressState
tcp0 00.0.0.0:33060.0.0.0:*  LISTEN
```

上面显示可以看出 MySQL 服务已经启动。

（2）安装客户端。

运行如下命令：

```
[root@test1 local]#rpm-ivh MySQL-client-5.2.0-0.glibc23.i386.rpm
```

15.3 MySQL 的启动与停止

1）启动

MySQL 安装完成后启动文件 mysql（在/etc/init.d 目录下），在需要启动时运行下面命令即可。

```
[root@ test1 init.d]#/etc/init.d/mysql start
```

2）停止

```
/usr/bin/mysqladmin-u root-p shutdown
```

3）自动启动

（1）查看 MySQL 是否在自动启动列表中。

```
[root@test1 local]#/sbin/chkconfig-list
```

（2）把 MySQL 添加到用户系统的启动服务组里面去。

```
[root@test1 local]#/sbin/chkconfig-add mysql
```

（3）把 MySQL 从启动服务组里面删除。

```
[root@test1 local]#/sbin/chkconfig-del mysql
```

15.4 MySQL 的登录

登录 MySQL 的命令是 mysql，mysql 的使用语法如下：

```
mysql[-u username][-h host][-p[password]][dbname]
```

username 与 password 分别是 MySQL 的用户名与密码，MySQL 的初始管理账号是 root，没有密码。注意：这个 root 用户不是 Linux 的系统用户。MySQL 默认用户是 root，由于初始没有密码，第一次进时只需键入 mysql 即可。

```
[root@test1 local]#mysql
Welcome to the MySQL monitor.Commands end with;or \\g.
Your MySQL connection id is 1 to server version:5.2.0-standard
Type \'help;\'or\'\\h\'for help.Type \'\\c\'to clear the buffer.
mysql>
```

出现了"mysql>"提示符，恭喜用户，安装成功。

增加了密码后的登录格式如下：

```
mysql-u root-p
Enter password:(输入密码)
```

其中 -u 后跟的是用户名，-p 要求输入密码，回车后在输入密码处输入密码。

注意：这个 mysql 文件在/usr/bin 目录下，与后面讲的启动文件/etc/init.d/mysql 不是一个文件。

15.5 MySQL 的配置

15.5.1 MySQL 的几个重要目录

MySQL 安装完成后，和 SQL Server 默认安装在一个目录不一样，它的数据库文件、配置文件和命令文件分别在不同的目录中。了解这些目录非常重要，尤其是对于 Linux 的初学者，因为 Linux 本身的目录结构就比较复杂，如果搞不清楚 MySQL 的安装目录那就无法深入学习。

下面介绍一下几个重要目录：

1）数据库目录

/var/lib/mysql/。

2）配置文件

/usr/share/mysql（mysql.server 命令及配置文件）。

3）相关命令

/usr/bin（mysqladmin、mysqldump 等命令）。

4）启动脚本

/etc/rc.d/init.d/（启动脚本文件 mysql 的目录）。

15.5.2 修改登录密码

MySQL 默认没有密码，安装完毕增加密码的重要性是不言而喻的。

1）命令

```
usr/bin/mysqladmin -u root password \'new-password\'
```

格式：mysqladmin -u 用户名 -p 旧密码 password 新密码

2）例子

例：给 root 用户加个密码 123456。

键入以下命令：

```
[root@test1 local]#/usr/bin/mysqladmin -u root password 123456
```

注：因为开始时 root 没有密码，所以 "-p 旧密码" 一项就可以省略了。

3）测试是否修改成功

（1）不用密码登录。

```
[root@test1 local]#mysql
ERROR 1045:Access denied for user:\'root@localhost\'(Using password:NO)
```

显示错误，说明密码已经修改。

（2）用修改后的密码登录。

```
[root@test1 local]#mysql -u root -p
Enter password:(输入修改后的密码 123456)
Welcome to the MySQL monitor. Commands end with; or \\g.
Your MySQL connection id is 4 to server version:4.0.16-standard
Type \'help;\'or\' \\h\'for help.Type \' \\c\'to clear the buffer.
mysql>
```

这是通过 mysqladmin 命令修改密码，也可通过修改库来更改密码。

15.5.3 更改 MySQL 目录

MySQL 默认的数据文件存储目录为/var/lib/mysql。假如要把目录移到/home/data 目录下，需要进行下面几步：

（1）home 目录下建立 data 目录。

```
cd/home
mkdir data
```

（2）把 MySQL 服务进程停掉。

```
mysqladmin -u root -p shutdown
```

（3）把/var/lib/mysql 整个目录移到/home/data 目录下。

```
mv/var/lib/mysql/home/data/
```

这样就把 MySQL 的数据文件移动到了/home/data 下。

（4）找到 my.cnf 配置文件。

如果/etc 目录下没有 my.cnf 配置文件，请到/usr/share/mysql/下找到 *.cnf 文件，拷贝其中一个到/etc/下并改名为 my.cnf。命令如下：

```
[root@test1 mysql]#cp/usr/share/mysql/my-medium.cnf/etc/my.cnf
```

（5）编辑 MySQL 的配置文件/etc/my.cnf。

为保证 MySQL 能够正常工作，需要指明 mysql.sock 文件的产生位置。修改 socket=/

var/lib/mysql/mysql. sock 一行中等号右边的值为：/home/mysql/mysql. sock。操作如下：

vi my. cnf(用 vi 工具编辑 my. cnf 文件,找到下列数据修改)
#The MySQL server
[mysqld]
port = 3306
#socket = /var/lib/mysql/mysql.sock(原内容,为了更稳妥用"#"注释此行)
socket = /home/data/mysql/mysql.sock(加上此行)

（6）修改 MySQL 启动脚本/etc/rc. d/init. d/mysql。

需要修改 MySQL 启动脚本/etc/rc. d/init. d/mysql，把 datadir = /var/lib/mysql 一行中等号右边的路径改成用户现在的实际存放路径：/home/data/mysql。

[root@test1 etc]# vi/etc/rc.d/init.d/mysql
#datadir = /var/lib/mysql(注释此行)
datadir = /home/data/mysql(加上此行)

（7）重新启动 MySQL 服务。

/etc/rc.d/init.d/mysql start

或用 reboot 命令重启 Linux。

如果工作正常就表示 MySQL 目录移动成功，否则对照前面的步骤（1）~（7）再检查一遍。

15.6 MySQL 的使用

注意：MySQL 中每个命令后都要以";"结尾。

1) 显示数据库

```
mysql > show databases;
+ --------------+
| Database |
+ --------------+
| mysql |
| test |
+ --------------+
2 rows in set(0.04 sec)
```

MySQL 刚安装完有两个数据库：mysql 和 test。mysql 库非常重要，它里面有 MySQL 的系统信息，我们更改密码、新增用户，实际上就是用这个库中的相关表进行操作。

2) 显示数据库中的表

mysql > use mysql；（打开库，对每个库进行操作就要打开此库，类似于 foxpro）

```
Database changed
mysql > show tables;
+ ---------------------+
| Tables_in_mysql |
+ ---------------------+
| columns_priv |
| db |
| func |
| host |
```

| tables_priv |
| user |
+----------------------+
6 rows in set(0.01 sec)

3）显示数据表的结构

describe 表名;

4）显示表中的记录

select * from 表名;

例如：显示 mysql 库中 user 表中的记录。所有能对 MySQL 操作的用户都在此表中。

select * from user;

5）建立数据库

create database 库名;

例如：创建一个名字为 aaa 的库。

mysql > create databases aaa;

6）建立数据库表

use 库名;

create table 表名;（字段设定列表）

例如：在刚创建的 aaa 库中建立表 name，表中有 id（序号，自动增长），xm（姓名），xb（性别），csny（出生年月）4 个字段。

use aaa;

mysql > create table name(id int(3) auto_increment not null primary key,xm char(8),xb char(2),csny date);

可以用命令 describe 查看刚建立的表结构。

mysql > describe name;

+-------+----------+------+------+----------+--------------------+
| Field | Type | Null | Key | Default | Extra |
+-------+----------+------+------+----------+--------------------+
id	int(3)		PRI	NULL	auto_increment
xm	char(8)	YES		NULL	
xb	char(2)	YES		NULL	
csny	date	YES		NULL	
+-------+----------+------+------+----------+--------------------+

7）增加表中记录

例如：增加几条相关记录。

mysql > insert into name values(\'\',\'张三\',\'男\',\'1971-10-01\');
mysql > insert into name values(\'\',\'白云\',\'女\',\'1972-05-20\');

可用 select 命令来验证结果。

mysql > select * from name;

+----+------+------+------------+
| id | xm | xb | csny |
+----+------+------+------------+
|1 |张三 |男 |1971-10-01 |
|2 |白云 |女 |1972-05-20 |
+----+------+------+------------+

8）修改表中记录

例如：将张三的出生年月改为 1971 – 01 – 10。

mysql > update name set csny = \'1971 – 01 – 10\'where xm = \'张三\';

9）删除表中记录

例如：删除张三的记录。

mysql > delete from name where xm = \'张三\';

10）删数据库和删表

drop database 库名;

drop table 表名;

11）增加 MySQL 用户

格式：grant select on 数据库 . * to 用户名@ 登录主机 identified by " 密码"

【例1】 增加一个用户 user_1，密码为 123，让它可以在任何主机上登录，并对所有数据库有查询、插入、修改、删除的权限。首先以根用户登录 MySQL，然后键入以下命令：

mysql > grant select,insert,update,delete on *.* to user_1@ "%" identified by "123";

这样增加的用户是十分危险的，如果知道了 user_1 的密码，那么它就可以在网上的任何一台电脑上登录用户的 MySQL 数据库并对用户的数据为所欲为了，解决办法见例2。

【例2】 增加一个用户 user_2，密码为 123，让此用户只可以在 localhost（localhost 指本地主机，即 MySQL 数据库所在的那台主机）上登录，并可以对数据库 aaa 进行查询、插入、修改、删除的操作，这样用户即使用知道 user_2 的密码，它也无法从网上直接访问数据库，只能通过 MySQL 主机来操作 aaa 库。

mysql > grant select,insert,update,delete on aaa.* to user_2@ localhost identified by "123";

如果用新增的用户登录不了 MySQL，在登录时用如下命令：

mysql – u user_1 – p – h 192.168.113.50（– h 后跟的是要登录主机的 IP 地址）

12）备份与恢复

（1）备份。

例如：将【例1】中创建的 aaa 库备份到文件 back_aaa 中。

[root@test1 root]#cd/home/data/mysql（进入到库目录,本例库已由/val/lib/mysql 转到/home/data/mysql,见上述第七部分内容）

[root@test1 mysql]#mysqldump – u root – p – – opt aaa > back_aaa

（2）恢复。

[root@test mysql]#mysql – u root – p ccc < back_aaa

15.7 小　结

本项目详细介绍了 Linux 的 MySQL 服务的安装和使用。

15.8 习　题

1. 练习使用 RPM 软件包安装 MySQL 数据库。
2. 练习动手配置 MySQL 的配置文件。
3. 使用 root 用户创建一个名为 my 的用户，密码设置为"mysql"。

附录　Linux 常规指令

ls 命令：显示指定工作目录下的内容。
dir 命令：同 ls。
cd 命令：变换工作目录。
pwd 命令：显示用户当前的工作路径，显示出完整的当前活动目录名称。
clear 命令：在允许的情况下清除屏幕。
man 命令：查看指令用法的 help。
mkd ir 命令：用来建立新的目录。
rmdir 命令：用来删除已建立的目录。
rm 命令：删除文档及目录。
touch 命令：创建一个空白文件，改变已有文件的时间戳。
cp 命令：复制文件（或者目录等）。
mv 命令：移动目录文件。
ln 命令：为某一个文件在另外一个位置建立一个同步的链接。
chmod 命令：修改文件或目录的权限。
chown 命令：修改文件或目录所属的用户。
chgrp 命令：修改文件或目录所属的工作组。
more 命令：使超过一页的文件临时停留在屏幕，按任意的一个键以后继续显示。
less 命令：显示文件内容，可以上下翻页显示。
head 命令：显示文件前 10 行内容。
tail 命令：显示文件后 10 行内容。
cat 命令：把文档串联后传到基本输出，或者将几个文档连接，利用重定向符" > "定向到输出文档。
find 命令：在指定的路径上搜索指定的文件和目录。
locate 命令：查找文件。
grep 命令：在文件中搜索匹配的行并输出，一般用于过滤先前的结果。
who 命令：显示已经登录的用户。
finger 命令：查询用户信息。
su 命令：在不注销的情况切换用户身份。

sudo 命令：以另一个用户的身份执行某个命令。
passwd 命令：修改用户的登录口令。
gpasswd 命令：修改工作组的口令。
date 命令：显示和设置系统日期和时间。
free 命令：查看当前系统内存的使用情况。
logout 命令：将当前用户从终端系统中注销。
shutdown 命令：关机或重启。
halt 命令：停机。
reboot 命令：重启命令。
init 命令：改变当前用户的运行级别。
lpd 命令：根据 /etc/printcap 的内容来管理本地或远端的打印机。
lpq 命令：显示打印机缓冲队列中未完成的工作。
lprm 命令：删除打印缓冲队列中的工作。
ftp 命令：用户通过 ftp 这个程序来使用 Internet 上的标准文件传输协议。
telnet 命令：远程登录命令。
mail 命令：阅读和发送邮件。
du 命令：显示目前目录所占的磁盘空间。
df 命令：显示目前磁盘剩余的磁盘空间。
mount 命令：将某个文件系统挂载到某个目录上。
umount 命令：用于卸载已安装好的文件系统。
tar 命令：用于打包和解包某个目录和文件。
rpm 命令：用于安装、卸载、查看、检查某个 RPM 软件包。
gzip 命令：用于压缩某个文件和目录。
gunzip 命令：用于解压缩以 gzip 压缩的文件。
bzip2 命令：用于压缩某个文件和目录。
bunzip2 命令：用于解压缩以 bzip2 压缩的文件。